Giuseppe Femia

Redox

esempi di ossido-riduzioni

Copyright © 2019
Giuseppe Femia
Tutti i diritti riservati

a Rosellina

Introduzione

Il libro tratta il bilanciamento delle reazioni di ossido-riduzione adottando un metodo di esposizione discorsivo, spiega tutti i passaggi dell'equilibrio chimico in modo elementare.
L'obbiettivo è rendere comprensibile al principiante un argomento complesso della chimica. I concetti basilari per familiarizzare con le red-ox sono ripetuti volutamente all'inizio di ogni capitolo, pur suggerendo al lettore comunque di avere la libertà di inoltrarsi nel libro, di passare alla parte di maggiore interesse a seconda delle esigenze e delle conoscenze acquisite. Sono spiegati a piccoli passi tutte le fasi utili al bilanciamento di una reazione di ossido-riduzione che procede per ordine: calcolo del numero di ossidazione degli atomi interessati, confronto dei numeri di ossidazione prima e dopo la reazione, bilanciamento delle cariche, bilanciamento delle masse, eventuali varianti.
Il linguaggio usa paragoni e riferimenti alla vita quotidiana allo scopo di rendere amichevole l'apprendimento ma lungi dal voler rendere semplicistico l'argomento.

Gli esempi di esercizi svolti e commentati consentiranno una visione d'insieme della procedura di bilanciamento, un primo passo verso l'approfondimento futuro di un delicato e non semplice approccio alla chimica.

Premessa

Per bilanciare una reazione di ossido-riduzione dobbiamo rispettare la legge di Lavoisier, secondo la quale nel corso di una reazione non può spuntare della materia dal nulla, né possono sparire parte degli atomi o intere molecole di reagenti.

Nulla si crea e nulla si distrugge.

Il numero di atomi per tipo di elemento che compongono le molecole dei reagenti sarà lo stesso numero di atomi per tipo di elemento che comporranno le molecole dei prodotti della reazione. Questi atomi saranno combinati diversamente tra loro, faranno parte di molecole diverse dai reagenti, ma comunque sia, la somma degli atomi di ogni elemento sarà la stessa prima e dopo la reazione.

Bilanciare una redox allo stesso tempo significa tracciare con esattezza lo spostamento degli elettroni tra gli atomi che si ossidano e quelli che si riducono.

Per perfezionare questo calcolo abbiamo bisogno di un indizio che ci viene fornito da un retroscena fondamentale delle redox.

Una reazione redox o di ossido-riduzione è caratterizzata da spostamenti di elettroni da un atomo di un elemento all'atomo di un altro elemento.

Spostamento significa che gli elettroni lasciano un atomo di un certo elemento e si trasferiscono su un atomo di un altro elemento.

L'atomo che viene abbandonato dagli elettroni, per similitudine di accezione, verrebbe spontaneo dire che si riduca, invece la corretta definizione chimica vuole che si ossidi.

Di contro l'atomo dell'elemento che riceve la visita degli elettroni pellegrini si riduce.

Chi riceve elettroni in una redox si riduce, sembra una contraddizione di significati usuali ma in chimica si usa così.

Gli elettroni che si spostano dall'atomo dell'elemento che si ossida verso l'atomo dell'elemento che si riduce non sono visibili, non è possibile contarli durante il loro trasferimento.

La dimostrazione che un passaggio di elettroni ci sia stato durante la redox si basa sulla differenza di elettroni posseduti dagli atomi coinvolti prima e dopo la reazione.

Per poter confrontare le due "istantanee", pre e post reazione, si rende necessario calcolare il numero degli elettroni suddetto, che è per l'appunto definito numero di ossidazione.

Questo calcolo si fonda sulla conoscenza di una proprietà degli elementi che si chiama elettronegatività, la capacità di attrarre elettroni di legame, cioè gli elettroni che compongono i legami tra atomi per formare molecole.

La differenza di elettronegatività tra elementi legati in una molecola crea degli spostamenti di elettroni, entro i confini della molecola, con maggiore frequenza sugli atomi più elettronegativi e di conseguenza carenze di elettroni su altri. La rappresentazione numerica di queste migrazioni è all'origine del significato del numero di ossidazione.

L'atomo più bravo ad attrarre gli elettroni di legame si segnerà con valori negativi, viceversa gli atomi scarsamente elettronegativi saranno contraddistinti da numeri positivi. Vedremo numerosi esempi.

Nella sezione -1) **calcolo del numero di ossidazione** -dei capitoli che seguiranno si parlerà di "prelievi" o "attrazioni" di elettroni da parte di atomi di certi elementi piuttosto che di altri. Questi spostamenti di elettroni si intendono in seno alla molecola. Daremo per scontato la consapevolezza che il significato alla base di queste tendenze è l'elettronegatività degli elementi trattati.

La quantificazione del numero di elettroni che si spostano dall'atomo di un elemento all'atomo dell'altro elemento si calcola con una semplice somma algebrica sulla molecola del reagente e su quella del prodotto di reazione.

Una somma algebrica è un'addizione di numeri con segno positivo e numeri con segno negativo. Come dire un'addizione e una sottrazione contemporanea. Esempio +1 -2 +3.

Immaginate di avere un conto in banca con 100 euro e di prelevarne 200. Il risultato sarà -100, il segno meno significa che a seguito del prelievo siete diventati debitori verso la banca di 100 euro. Questo è un esempio di somma algebrica.

In chimica il segno + e il segno - dei risultati hanno un significato diverso dalla pratica quotidiana, ridursi significa acquistare elettroni e dato che gli elettroni sono sinonimo di cariche negative il concetto di riduzione equivale ad un aumento delle cariche negative, ma se aumentano le cariche negative diminuiranno inevitabilmente le cariche positive sulla molecola.

Se versate successivamente sul conto 300 euro il saldo sarà dato dalla somma algebrica -100 +300 = +200 euro. Il debito -100 che si era creato dopo il prelievo è compensato dal successivo versamento di 300 euro che in parte estingue il debito (-100 euro) e con la quota eccedente ricrea un credito di 200 euro.

Il calcolo del saldo del conto corrente è semplice.

Un prelievo dal conto in banca sposta il saldo in negativo, invece prelevare elettroni da un atomo sposta il saldo verso numeri di segno positivo.

Per calcolare il numero di elettroni che un atomo perde o acquista nel corso di una redox bisogna calcolare il suo "stato elettronico" prima e dopo la reazione, cioè quante cariche positive o negative aveva prima della redox e quante ne ha dopo la redox.

Per analogia con il saldo economico immaginiamo di calcolare il "saldo" elettronico di una molecola.

Gli elettroni interessati sono quelli definiti "di legame".

Nella rappresentazione degli atomi e delle molecole la carica positiva o quella negativa che compare in alto a destra ha un significato analogo a quello del saldo del nostro conto corrente.

La reazione redox da bilanciare è la seguente:

$$MnO_4^- + Fe^{+2} = Mn^{++} + Fe^{+3}$$

Bilanciamento della reazione

Ambiente di reazione

Questa reazione avviene aggiungendo dell'acido solforico che non partecipa alla redox e quindi non viene menzionato, ricordiamo che gli atomi di idrogeno della molecola di H_2SO_4 cedono l'elettrone che hanno in dotazione, si trasformano in ioni H^+ liberi di vagare nella soluzione. Incontreremo questi ioni tra qualche pagina.

1) calcolo del numero di ossidazione

Nella molecola di permanganato MnO_4^- il segno meno in alto a destra ci indica che il "saldo" della somma algebrica delle cariche negative e delle cariche positive nella molecola è uguale a -1.

Procediamo con il calcolo per dimostrare perché una molecola di permanganato ha un "saldo elettronico"-1 e allo stesso tempo per risalire allo "stato elettronico" dei singoli atomi.

Ogni atomo di ossigeno tende a prelevare sempre due elettroni dal tesoretto di elettroni della molecola di cui fa parte, questa è una regola fissa da memorizzare, tranne una sola eccezione che vedremo. Ogni elettrone ha sempre una carica negativa, pertanto, dato che nella molecola di **MnO_4^-** sono presenti 4 atomi di ossigeno e che ogni atomo di ossigeno preleva sempre 2 elettroni di legame possiamo affermare che nella molecola di **MnO_4^-** i 4 atomi di ossigeno hanno prelevato 8 elettroni.

Se il saldo è -1 e l'ossigeno ha prelevato 8 elettroni (-8) deduciamo che il numero di ossidazione dell'atomo di manganese è l'incognita della somma somma algebrica:

$$(n.o.\ manganese) - 8 = -1$$

Si ricava che il numero di ossidazione del manganese nella molecola di permanganato è +7.

Il numero di ossidazione si riferisce sempre al singolo atomo dell'elemento.

Il numero di ossidazione del prodotto della redox **Mn^{+2}** è +2, il numero in alto a destra.

La molecola è composta da un solo atomo di manganese, non ci sono altri numeri da sommare, non abbiamo altri numeri per fare una somma algebrica, e quindi rimane tale.

2) **confronto dei numeri di ossidazione**

A questo punto osserviamo che il numero di ossidazione del manganese prima di reagire con il **Fe^{+2}** era +7, dopo la reazione è diventato +2.

L'elettrone ha una carica negativa, quindi se il Manganese è passato dal numero di ossidazione +7 al numero di ossidazione +2 vuol dire che ha accettato 5 cariche negative durante la reazione, 5 elettroni, una carica negativa per ogni elettrone.

Ogni atomo di manganese ha acquistato 5 elettroni nel corso della redox.

Da dove provengono i 5 elettroni?

Anche gli elettroni, come la materia non possono sparire e non possono spuntare dal nulla, quindi un atomo di un altro elemento deve averli dati.

L'attenzione non può che cadere sul Ferro.

Il Ferro ha numero di ossidazione +2 prima della reazione (il numero in alto a destra di **Fe^{+2}**) e lo ritroviamo dopo la reazione redox con un numero di ossidazione +3 (**Fe^{+3}**).

Ogni atomo di Ferro ha incrementato di +1 il suo "saldo", ma se è aumentata la carica positiva vuol dire che è diminuita la carica negativa che aveva prima della reazione, cioè ha perso un elettrone.

Se un atomo di Manganese ha ricevuto 5 elettroni e ogni atomo di Ferro ne ha perso uno vuol dire che ci sono voluti 5 atomi di Ferro per totalizzare 5 elettroni ricevuti da un atomo di Manganese.

Aggiungiamo pertanto un 5 davanti al simbolo del ferro

La formula iniziale può quindi essere riscritta:

$$MnO_4^- + 5Fe^{+2} = Mn^{++} + Fe^{+3}$$

Dato che la materia non si crea e non scompare nel nulla anche dopo la reazione avremo i 5 atomi di Ferro, quindi siamo autorizzati ad aggiungere un 5 davanti al Fe^{+3}:

$$MnO_4^- + 5Fe^{+2} = Mn^{++} + 5Fe^{+3}$$

3) bilanciamento delle cariche

Il controllo successivo sulla reazione consiste nel tracciare il percorso compiuto dagli elettroni nello spostarsi dall'elemento che si è ossidato all'elemento che si è ridotto. Dobbiamo verificare che nessun elettrone sia sparito o spuntato dal nulla.

Utilizziamo un esempio pratico: il bilancio familiare di una coppia di coniugi è composto dalla somma algebrica del saldo dei rispettivi conti correnti, almeno dovrebbe essere così. Se il marito spendaccione ha un saldo negativo sul suo conto e la moglie risparmiatrice ha un saldo positivo sul proprio conto possiamo affermare che il saldo della famiglia nel suo complesso è la somma algebrica dei due saldi.

In una redox avviene una cosa analoga, la differenza consiste nel fatto che ci si esprime in termini di elettroni, di cariche positive e negative.

La somma dei "saldi" elettronici delle molecole reagenti deve essere uguale alla somma dei "saldi" elettronici dei prodotti.

Passiamo alla pratica.

Il permanganato **MnO_4^-** apporta una carica negativa -1, numero in alto a destra. Il **Fe^{+2}** apporta 2 cariche positive, gli atomi di Ferro sono 5 quindi la carica complessiva del ferro è +10.

La somma algebrica delle cariche dei reagenti sarà:

$$-1 + 10 = +9$$

Passiamo al calcolo relativo ai prodotti.

Il manganese **Mn^{+2}** apporta 2 cariche positive +2, il Ferro ha invece 3 positive +3 (vedi **Fe^{+3}**), gli atomi di Ferro sono 5 quindi in totale gli atomi di Ferro contribuiscono alle cariche con un +15.

Il "saldo" di cariche dei prodotti è quindi:

$$+2 +15 = +17$$

Il "saldo" dei prodotti +17 è diverso da quello dei reagenti +9. Come dire che nel bilancio familiare dei reagenti ci sia stato un versamento di 9 elettroni ad opera di un benefattore anonimo.

Il mistero è svelato, i responsabili sono 8 idrogeno ioni dell'ambiente di reazione.

La loro presenza giustifica e neutralizza le 8 cariche negative in eccesso.

La reazione corretta diventa:

MnO_4^- + $5Fe^{+2}$ + $8H^+$ = Mn^{++} + $5Fe^{+3}$

4) bilanciamento delle masse

La legge di Lavoisier ci fa notare che i 4 atomi di ossigeno del permanganato MnO_4^- e gli 8 idrogeno ioni $8H^+$ sono spariti, non compaiono più tra i prodotti.

La spiegazione è data dalla molecola più abbondante presente sul pianeta, la molecola che si forma spontaneamente in un grande numero di reazioni: l'acqua.

La risposta all'enigma della sparizione dell'ossigeno e dell'idrogeno si scrive **H₂O**: si sono formate 4 molecole di acqua.

La reazione finale bilanciata infine è:

MnO_4^- + 5Fe^{+2} + 8H^+ = Mn^{++} + 5Fe^{+3} + 4H_2O

La reazione da bilanciare è:

$$As + ClO^- = AsO_4^{-3} + Cl^-$$

Bilanciamento della reazione

Ambiente di reazione

Questa reazione avviene aggiungendo dell'idrossido di sodio NaOH che non partecipa alla redox e quindi non viene menzionato, ricordiamo solo che libera ossidrili OH^- nella soluzione. Incontreremo questi ioni OH^- tra qualche pagina.

1) calcolo del numero di ossidazione

L'arsenico compare tra i reagenti allo stato elementare, non ha un "saldo" elettronico né positivo né negativo, è neutro cioè uguale a zero.

Nella molecola di ipoclorito **ClO⁻** il segno meno in alto a destra ci indica che il "saldo" della somma algebrica delle cariche negative e delle cariche positive nella molecola è uguale a -1.

Ogni atomo di ossigeno tende a prelevare sempre due elettroni. Ogni elettrone ha sempre una carica negativa. Nella molecola di **ClO⁻** è presente 1 atomo di ossigeno che attrae 2 elettroni di legame segnandosi con un -2.

Se il saldo è -1 e l'ossigeno ha prelevato 2 elettroni (-2) vuol dire che il cloro ha versato 1 elettrone, si è privato di 1 elettrone cioè di una carica negativa e quindi è diventato positivo. Il numero di ossidazione dell'atomo di cloro è quindi l'incognita della somma algebrica:

$$(\text{n.o. cloro}) - 2 = -1$$

Si ricava che il numero di ossidazione dell'atomo di cloro nella molecola di ipoclorito **ClO⁻** è +1.

Nella molecola di arseniato **AsO₄⁻³** il segno meno in alto a destra ci indica che il "saldo" della somma algebrica delle cariche negative e delle cariche positive nella molecola è uguale a -3.

Ogni atomo di ossigeno tende a prelevare sempre due elettroni. Ogni elettrone ha sempre una carica negativa, pertanto, dato che nella molecola di **AsO₄⁻³** sono presenti 4 atomi di ossigeno e che ogni atomo di ossigeno preleva sempre 2 elettroni possiamo affermare che sulla molecola di AsO_4^{-3} i 4 atomi di ossigeno hanno prelevato 8 elettroni.

Se il saldo dell'arseniato è -3 e l'ossigeno ha prelevato 8 elettroni (-8) vuol dire che l'Arsenico ha versato 5 elettroni, si è privato di 5 elettroni cioè di 5 cariche negative e quindi è diventato 5 volte positivo.

Il numero di ossidazione dell'atomo di arsenico è quindi l'incognita della somma algebrica:

$$(\text{n.o. arsenico}) - 8 = -3$$

Il numero di ossidazione dell'atomo di arsenico nella molecola di arseniato AsO_4^{-3} è +5.

Nello ione cloruro Cl^- il segno meno in alto a destra ci indica che il "saldo" è uguale a -1.

Il numero di ossidazione si riferisce sempre al singolo atomo dell'elemento.

2) confronto dei numeri di ossidazione

Il numero di ossidazione del cloro prima di reagire con l'arseniato era +1, dopo la reazione è diventato -1.

L'elettrone ha una carica negativa, il cloro è passato dal numero di ossidazione +1 al numero di ossidazione -1, ha accettato 2 cariche negative durante la reazione, cioè 2 elettroni.

Ogni atomo di cloro ha acquistato 2 elettroni nel corso della redox.

Da dove provengono i 2 elettroni?

Anche gli elettroni, come la materia non possono sparire e non possono spuntare dal nulla, quindi un atomo di un altro elemento deve averli dati.

L'attenzione non può che cadere sull'arsenico, è l'unico elemento che possa averlo fatto perché l'ossigeno presente nello ione idrossido ha sempre numero di ossidazione stabile -2 e l'idrogeno ha sempre numero di ossidazione +1.

L'arsenico ha numero di ossidazione zero prima della reazione (non compare nessun numero in alto a destra di **As**) e lo ritroviamo dopo la reazione redox nella molecola di arseniato **AsO_4^{-3}** con un numero di ossidazione +5 (vedi la somma algebrica +5 -8 = -3).

Ogni atomo di Arsenico è passato da un numero di ossidazione zero a numero di ossidazione +5, ha incrementato di +5 il suo "saldo", ma se sono aumentate le cariche positive vuol dire che è diminuita la carica negativa che aveva prima della reazione, cioè ha perso elettroni.

Se un atomo di cloro riceve 2 elettroni, 5 atomi di cloro ricevono 10 elettroni (2 elettroni x 5 atomi) .

Se un atomo di arsenico perde 5 elettroni, 2 atomi di arsenico versano 10 elettroni (5 elettroni x 2 atomi).

Cinque atomi di cloro reagiscono con 2 atomi di arsenico in modo completo.

I 10 elettroni versati dall'arsenico sono interamente prelevati dal cloro, nel rispetto della regola della conservazione delle cariche. Aggiungiamo 2 davanti al simbolo dell'arsenico **As** e 5 davanti al simbolo dell'ipoclorito **ClO$^-$**

La reazione si riscrive:

2As + 5ClO$^-$ + OH$^-$ = AsO$_4^{-3}$ + Cl$^-$

Dato che la materia non si crea e non scompare nel nulla anche dopo la reazione dovranno comparire tra i prodotti 2 atomi di arsenico e 5 atomi di cloro. Aggiungiamo pertanto 2 davanti alla molecola dell'arseniato **AsO$_4^{-3}$** e un 5 davanti al simbolo del cloruro **Cl$^-$**.

2As + 5ClO$^-$ + OH$^-$ = 2AsO$_4^{-3}$ + 5Cl$^-$

3) bilanciamento delle cariche

Il controllo successivo sulla reazione consiste nel tracciare il percorso compiuto dagli elettroni nello spostarsi dall'elemento che si è ossidato all'elemento che si è ridotto. Dobbiamo verificare che che nessun elettrone sia sparito o spuntato dal nulla.

Utilizziamo il già noto esempio pratico: il bilancio familiare di una coppia di coniugi è composto dalla somma algebrica del saldo dei rispettivi conti correnti. Se il marito spendaccione ha un saldo negativo sul suo conto e la moglie risparmiatrice ha un saldo positivo sul proprio conto possiamo affermare che il saldo della famiglia nel suo complesso è la somma algebrica dei due saldi.

In una redox avviene una cosa analoga, la differenza consiste nel fatto che ci si esprime in termini di elettroni, di cariche negative.

La somma dei "saldi" elettronici delle molecole reagenti deve essere uguale alla somma dei "saldi" elettronici dei prodotti.

Passiamo alla pratica.

L'arsenico ha un "saldo" elettronico zero (vedi As), e anche se gli atomi di arsenico sono 2 il saldo resta zero (2 x 0 = 0).

L'ipoclorito ha un "saldo" elettronico -1 (**ClO$^-$**), dato che il numero di molecole di ipoclorito sono 5 il saldo complessivo degli ipocloriti è -5.

La somma algebrica dei "saldi " elettronici dei reagenti sarà:

$$0 - 5 = -5$$

Passiamo al calcolo relativo ai prodotti.

L'arseniato **AsO$_4$$^{-3}$** ha un "saldo" -3, le molecole di arseniato sono 2 quindi in totale raggiungono un "saldo" di -6.

Lo ione cloruro Cl⁻ ha invece un "saldo" -1 , gli ioni di cloruro sono 5 quindi in totale avranno un "saldo" elettronico -5.

Il "saldo" elettronico dei prodotti è quindi:

$$-6 - 5 = -11$$

Il "saldo" dei prodotti -11 è diverso da quello dei reagenti -5. Nel bilancio dei reagenti mancano 6 elettroni.

I responsabili sono 6 ioni idrossido OH⁻ preannunciati al punto ambiente di reazione.

La reazione riveduta è:

2As + 5ClO⁻ + 6OH⁻ = 2AsO$_4^{-3}$ + 5Cl⁻

4) bilanciamento delle masse

La legge di Lavoisier ci fa notare che i 5 atomi di ossigeno dell'ipoclorito e i 6 atomi di ossigeno degli ioni idrossido sono in parte spariti, tra i prodotti troviamo solo 8 atomi di ossigeno contenuti nelle 2 molecole di arseniato **2AsO$_4^{-3}$**, ne mancano 3.

Come se non bastasse mancano all'appello tra i prodotti anche i 6 atomi di idrogeno contenuti nelle 6 molecole di idrossido ioni **6OH⁻**.

La spiegazione è data dalla molecola che si forma spontaneamente in un grande numero di reazioni: l'acqua.

La risposta all'enigma della sparizione dell'ossigeno e dell'idrogeno si scrive H_2O.

Si sono formate 3 molecole di acqua.

La reazione finale e bilanciata infine è:

$$2As + 5ClO^- + 6OH^- = 2AsO_4^{-3} + 5Cl^- + 3H_2O$$

La reazione da bilanciare è:

$$Hg + NO_3^- + Cl^- = HgCl_2 + NO$$

Bilanciamento della reazione

Ambiente di reazione

Questa reazione avviene aggiungendo dell'acido cloridrico, ricordiamo che gli atomi di idrogeno delle molecole di HCl cedono l'elettrone che hanno in dotazione, si trasformano in ioni H^+ liberi di vagare nella soluzione. Incontreremo questi ioni tra qualche pagina.

1) calcolo del numero di ossidazione

Valutiamo il numero di ossidazione dei reagenti.

Il mercurio **Hg** compare tra i reagenti allo stato elementare, non ha un "saldo" elettronico positivo né negativo, è neutro cioè ha un numero di ossidazione uguale a zero.

Nella molecola di nitrato NO_3^- il segno meno in alto a destra ci indica che il "saldo" della somma algebrica delle cariche negative e delle cariche positive nella molecola è uguale a -1.

Ogni atomo di ossigeno tende a prelevare sempre due elettroni. Ogni elettrone ha sempre una carica negativa, pertanto, dato che nella molecola di NO_3^- sono presenti 3 atomi di ossigeno e che ogni atomo di ossigeno preleva 2 elettroni, nella molecola di NO_3^- i 3 atomi di ossigeno hanno attirano 6 elettroni di legame.

Se il "saldo elettronico" del nitrato è -1 e l'ossigeno ha attirato 6 elettroni (-6) vuol dire che l'atomo di azoto presente nella molecola di NO_3^- ha versato 5 elettroni, si è privato di 5 elettroni cioè di 5 cariche negative, è diventato positivo.

Il numero di ossidazione dell'atomo di azoto è quindi l'incognita della somma algebrica:

$$(n.o.\ azoto) -5 = -1$$

Si ricava che il numero di ossidazione dell'atomo di azoto nella molecola di nitrato NO_3^- è +5.

Nello ione cloruro Cl^- che compare tra i reagenti il segno meno in alto a destra ci indica che il "saldo" è uguale a -1.

Il cloro come ione cloruro ha numero di ossidazione -1.

Passiamo a valutare il numero di ossidazione dei prodotti.

La molecola di cloruro mercurico **HgCl₂** non presenta cariche positive o negative in alto a destra, quindi il "saldo" della somma algebrica delle cariche negative e delle cariche positive nella molecola è uguale a zero.

Ogni atomo di cloro presente nelle molecole dei cloruri tende ad attirare 1 elettrone di legame, regola generale da memorizzare.

Nella molecola di **HgCl₂** sono presenti 2 atomi di cloro, ogni atomo di cloro preleva 1 elettrone di legame.

Se il saldo del cloruro mercurico **HgCl₂** è zero e il cloro ha prelevato 2 elettroni (-2) vuol dire che l'atomo di mercurio ha versato 2 elettroni nel bilancio intramolecolare, si è privato di 2 elettroni di legame cioè di 2 cariche negative.

Il numero di ossidazione dell'atomo di mercurio è quindi l'incognita della somma algebrica:

$$(\text{n.o. mercurio}) - 2 = 0$$

Il numero di ossidazione dell'atomo di mercurio nella molecola di **HgCl₂** è +2.

La molecola di ossido di azoto **NO** ha un "saldo elettronico" uguale a zero perché non compaiono cariche positive o negative in alto a destra.

Nella molecola di **NO** è presente 1 atomo di ossigeno e conosciamo la regola generale che ogni atomo di ossigeno attira sempre 2 elettroni di legame.

Il numero di ossidazione dell'atomo di azoto è quindi l'incognita della somma algebrica:
$$(\text{n.o. azoto}) - 2 = 0$$

Si ricava che il numero di ossidazione dell'atomo di azoto nella molecola di **NO** è +2.

2) confronto dei numeri di ossidazione

Il numero di ossidazione del mercurio **Hg** prima di reagire con il nitrato era zero, dopo la reazione è diventato +2.

L'elettrone ha una carica negativa, quindi se il mercurio Hg è passato dal numero di ossidazione zero al numero di ossidazione +2 vuol dire che ha perso 2 cariche negative durante la reazione, cioè ha perso 2 elettroni.

Ogni atomo di mercurio ha ceduto 2 elettroni nel corso della redox.

Dove sono finiti i 2 elettroni?

Anche gli elettroni, come la materia non possono sparire e non possono spuntare dal nulla, quindi un atomo di un altro elemento deve averli presi.

L'attenzione non può che cadere sull'azoto, è l'unico elemento che possa averlo fatto perché il terzo elemento, il cloruro, presente tra i reagenti (Cl⁻) aveva numero di ossidazione -1 e l'atomo di cloro che compare nella molecola di cloruro mercurico $HgCl_2$ dopo la reazione ha sempre numero di ossidazione -1.

Il suo numero di ossidazione non è cambiato quindi il cloro non ha partecipato alla redox.

Ricordiamo che una reazione redox o di ossido-riduzione è caratterizzata da spostamenti di elettroni da un atomo di un reagente all'atomo di un altro reagente.

Spostamento che si traduce in cambiamento del numero di ossidazione degli atomi degli elementi coinvolti nella redox.

Se non si verifica variazione del numero di ossidazione non c'è redox.

L'azoto aveva numero di ossidazione +5 prima della reazione (vedi la sua somma algebrica +5 -5 = 0) e lo ritroviamo dopo la reazione redox nella molecola di ossido di azoto **NO** con un numero di ossidazione +2 (vedi la sua somma algebrica +2 -2 = 0).

Ogni atomo di azoto è passato da un numero di ossidazione +5 a numero di ossidazione +2, se sono diminuite le cariche positive vuol dire che è aumentata la carica negativa che aveva prima della reazione, cioè ha acquistato 3 elettroni.

Se un atomo di azoto riceve 3 elettroni possiamo dire che 2 atomi di azoto ricevono 6 elettroni (3 elettroni x 2 atomi) .

Se un atomo di mercurio perde 2 elettroni possiamo dire che 3 atomi di mercurio versano 6 elettroni (2 elettroni x 3 atomi).

I 6 elettroni versati dal mercurio sono stati quindi interamente prelevati dall'azoto, nel rispetto della regola della conservazione delle cariche.

La reazione si riscrive:

3Hg + 2NO$_3$⁻ + Cl⁻ = HgCl$_2$ + NO

Dato che la materia non si crea e non scompare nel nulla anche dopo la reazione avremo i 3 atomi di mercurio e i 2 di azoto, quindi siamo autorizzati ad aggiungere un 3 davanti al **HgCl$_2$** e un 2 davanti al simbolo **NO**.

3Hg + 2NO$_3$⁻ + Cl⁻ = 3HgCl$_2$ + 2NO

L'aggiunta del 3 davanti al **HgCl$_2$** fa comparire tra i prodotti della reazione 6 atomi di cloro nelle 3 molecole del cloruro mercurico che non possono essere spuntati dal nulla, quindi aggiungiamo un 6 davanti al simbolo del reagente **Cl⁻**.
La reazione diventa:

3Hg + 2NO$_3$⁻ + 6Cl⁻ = 3HgCl$_2$ + 2NO

3) bilanciamento delle cariche

Il controllo successivo sulla reazione consiste nel tracciare il percorso compiuto dagli elettroni nello spostarsi dall'elemento che si è ossidato all'elemento che si è ridotto. Dobbiamo verificare che nessun elettrone sia sparito o spuntato dal nulla.

Utilizziamo il già noto esempio pratico: il bilancio familiare di una coppia di coniugi è composto dalla somma algebrica del saldo dei rispettivi conti correnti. Se il marito spendaccione ha un saldo negativo sul suo conto e la moglie risparmiatrice ha un saldo positivo sul proprio conto possiamo affermare che il saldo della famiglia nel suo complesso è la somma algebrica dei due saldi.

In una redox avviene una cosa analoga, la differenza consiste nel fatto che ci si esprime in termini di elettroni, di cariche negative.

La somma dei "saldi" elettronici delle molecole reagenti deve essere uguale alla somma dei "saldi" elettronici dei prodotti.

Passiamo alla pratica.

Il mercurio **Hg** ha un "saldo" elettronico zero, due molecole di nitrato **NO_3^-** hanno un "saldo" elettronico -2.

Sei ioni cloruro hanno un "saldo" elettronico -6.

Complessivamente le cariche dei reagenti sono date dalla somma algebrica:

0 - 2 - 6 = -8

Passiamo al calcolo relativo ai prodotti.

La molecola di **HgCl$_2$** cloruro mercurico non ha carica.

La molecola di **NO** non ha carica.

Il "saldo" elettronico dei prodotti è quindi zero.

Il "saldo delle cariche" dei prodotti (zero) è diverso da quello dei reagenti (-8).

Come dire che nel bilancio familiare dei reagenti ci sia stato un versamento di 8 elettroni di natura anonima.

Il mistero è presto svelato, i responsabili sono stati 8 **idrogeno ioni dell'ambiente di reazione**. La loro presenza giustifica e neutralizza le 8 cariche negative in eccesso.

La reazione riveduta è:

3Hg + 2NO$_3^-$ + 6Cl$^-$ + 8H$^+$ = 3HgCl$_2$ + 2NO

4) bilanciamento delle masse

La legge di Lavoisier ci fa notare che gli 8 atomi di ioni idrogeno appena aggiunti ai reagenti sembrano essere spariti, non compaiono tra i prodotti della redox.

Come se non bastasse mancano tra i prodotti anche 4 atomi di ossigeno, infatti di 6 atomi di ossigeno contenuti nelle 2 molecole di nitrato $2NO_3^-$ ne ritroviamo tra i prodotti solo 2 nelle rispettive molecole di **NO**.

La risposta all'enigma della sparizione dell'ossigeno e dell'idrogeno è H_2O, si sono formate 4 molecole di acqua.

La reazione finale e bilanciata infine è:

$$3Hg + 2NO_3^- + 6Cl^- + 8H^+ = 3HgCl_2 + 2NO + 4H_2O$$

La reazione da bilanciare è:

$$Ag_2S + NO_3^- = Ag^+ + NO + S$$

Bilanciamento della reazione

Ambiente di reazione

Questa reazione avviene aggiungendo dell'acido nitrico, ricordiamo che gli atomi di idrogeno delle molecole di **HNO_3** cedono l'elettrone che hanno in dotazione, si trasformano in ioni **H^+** liberi di vagare nella soluzione. Incontreremo questi ioni tra qualche pagina.

1) calcolo del numero di ossidazione

Valutiamo il numero di ossidazione dei reagenti.

La molecola di solfuro di argento Ag_2S non presenta cariche positive o negative in alto a destra, quindi il "saldo" della somma algebrica delle cariche negative e delle cariche positive nella molecola è uguale a zero.

Ogni atomo di zolfo presente nelle molecole dei solfuri tende a prelevare sempre 2 elettroni. Regola generale da memorizzare. Considerato che ogni elettrone ha sempre una carica negativa, che nella molecola di Ag_2S è presenti un atomo di zolfo e che ogni atomo di zolfo preleva sempre 2 elettroni possiamo affermare che se il saldo del solfuro di argento Ag_2S è zero e lo zolfo ha prelevato 2 elettroni (-2) vuol dire che i due atomi di argento hanno versato 2 elettroni nel bilancio intramolecolare. Ogni atomo di argento si è privato di 1 elettrone di legame cioè di 1 carica negativa e quindi è diventato 1 volta positivo.
Il numero di ossidazione dell'atomo di argento è quindi l'incognita della somma algebrica:
$$(\text{n.o. argento}) - 2 = 0$$
Si ricava che il numero di ossidazione di due atomi di argento nella molecola di Ag_2S è +2.
Il numero di ossidazione si riferisce per definizione al singolo atomo quindi il numero di ossidazione dell'argento nel solfuro di argento è +1.

Nella molecola di nitrato NO_3^- il segno meno in alto a destra ci indica che il "saldo" della somma algebrica delle cariche negative e delle cariche positive nella molecola è uguale a -1.

Ogni atomo di ossigeno tende ad attirare sempre due elettroni. Ogni elettrone ha una carica negativa, pertanto, dato che nella molecola di **NO₃⁻** sono presenti 3 atomi di ossigeno e che ogni atomo di ossigeno preleva 2 elettroni, nella molecola di **NO₃⁻** i 3 atomi di ossigeno attirano 6 elettroni di legame.

Se il "saldo elettronico" del nitrato è -1 e l'ossigeno ha prelevato 6 elettroni (-6) vuol dire che l'atomo di azoto presente nella molecola di **NO₃⁻** ha versato 5 elettroni, si è privato di 5 elettroni cioè di 5 cariche negative e quindi è diventato positivo. Il numero di ossidazione dell'atomo dell'azoto è quindi l'incognita della somma algebrica:

$$(\text{n.o. azoto}) - 6 = -1$$

Si ricava che il numero di ossidazione dell'atomo dell'azoto nella molecola di **NO₃⁻** è +5.

Passiamo a valutare il numero di ossidazione dei prodotti.

Lo ione argento **Ag⁺** ha numero di ossidazione +1 come dimostrato dalla carica in alto a destra.

La molecola di ossido di azoto **NO₃⁻** ha un "saldo elettronico" uguale a zero perché non compaiono cariche positive o negative in alto a destra.

Dato che nella molecola di **NO₃⁻** è presente 1 atomo di ossigeno e conosciamo la regola generale che ogni atomo di ossigeno preleva sempre 2 elettroni, il numero di ossidazione dell'atomo dell'azoto è quindi l'incognita della somma algebrica:

(n.o. azoto) -2 = 0

Il numero di ossidazione dell'atomo dell'azoto nella molecola di **NO** è +2.

L'atomo di zolfo **S** non presenta cariche in alto a destra quindi ha numero di ossidazione zero.

2) confronto dei numeri di ossidazione

A questo punto facciamo un osservazione: il numero di ossidazione dell'argento contenuto nel solfuro di argento **Ag_2S** era +1 prima di reagire con il nitrato, dopo la reazione è rimasto +1, quindi non ha partecipato alla redox.

Ricordiamo che una reazione redox o di ossido-riduzione è caratterizzata da spostamenti di elettroni da un atomo di un reagente all'atomo di un altro reagente.

Spostamento che si traduce in cambiamento del numero di ossidazione degli atomi degli elementi coinvolti nella redox.

Se non si verifica variazione del numero di ossidazione non c'è redox.

L'atomo di zolfo contenuto nella molecola di reagente **Ag_2S** aveva numero di ossidazione -2 perché ogni atomo di zolfo presente nelle molecole dei solfuri tende a prelevare sempre 2 elettroni.

Lo zolfo dopo la reazione si trova allo stato elementare **S** e quindi con un numero di ossidazione zero.

Lo zolfo è passato da un numero di ossidazione -2 ad un numero di ossidazione zero, ha perso 2 cariche negative e cioè ha perso 2 elettroni.

Dove sono finiti i 2 elettroni?

L'attenzione non può che cadere sull'azoto, è l'unico elemento che possa averlo fatto perché il terzo elemento, l'argento come abbiamo visto non ha partecipato alla redox.

L'azoto aveva numero di ossidazione +5 prima della reazione (vedi la sua somma algebrica +5 -6 = -1) e lo ritroviamo dopo la reazione redox nella molecola di ossido di azoto **NO** con un numero di ossidazione +2 (vedi la sua somma algebrica +2 -2 = 0).

Ogni atomo di azoto è passato da un numero di ossidazione +5 a numero di ossidazione +2, se sono diminuite le cariche positive vuol dire che è aumentata la carica negativa che aveva prima della reazione, cioè ha acquistato 3 elettroni.

Se un atomo di azoto riceve 3 elettroni possiamo dire che 2 atomi di azoto ricevono 6 elettroni (3 elettroni x 2 atomi).

Se un atomo di zolfo perde 2 elettroni possiamo dire che 3 atomi di zolfo versano 6 elettroni (2 elettroni x 3 atomi).

I 6 elettroni versati da 3 atomi di zolfo sono quindi interamente prelevati da 2 atomi di azoto, nel rispetto della regola della conservazione delle cariche.

Tre atomi di zolfo reagiscono stechiometricamente con due atomi di azoto. Aggiungiamo quindi 3 davanti **Ag$_2$S** e 2 davanti al simbolo **NO$_3^-$**.

La reazione si riscrive:

3Ag$_2$S + 2NO$_3^-$ = Ag$^+$ + NO + S

Dato che la materia non si crea e non scompare nel nulla anche dopo la reazione dovranno comparire 6 atomi di argento, 2 di azoto e 3 di zolfo, quindi siamo autorizzati ad aggiungere un 6 davanti al **Ag$^+$**, un 2 davanti al simbolo **NO** e un 3 davanti allo zolfo S.

3Ag$_2$S + 2NO$_3^-$ = 6Ag$^+$ + 2NO + 3S

3) bilanciamento delle cariche

Il controllo successivo sulla reazione consiste nel tracciare il percorso compiuto dagli elettroni nello spostarsi dall'elemento che si è ossidato all'elemento che si è ridotto. Dobbiamo verificare che nessun elettrone sia sparito o spuntato dal nulla.

Utilizziamo il già noto esempio pratico: il bilancio familiare di una coppia di coniugi è composto dalla somma algebrica del saldo dei rispettivi conti correnti. Se il marito spendaccione ha un saldo negativo sul suo conto e la moglie risparmiatrice ha un saldo positivo sul proprio conto possiamo affermare che il saldo della famiglia nel suo complesso è la somma algebrica dei due saldi.

In una redox avviene una cosa analoga, la differenza consiste nel fatto che ci si esprime in termini di elettroni, di cariche negative.

La somma dei "saldi" elettronici delle molecole reagenti deve essere uguale alla somma dei "saldi" elettronici dei prodotti.

Passiamo alla pratica.

Il solfuro di argento **Ag_2S** ha un "saldo" elettronico zero, una molecola di nitrato **NO_3^-** ha un "saldo" elettronico -1, quindi due molecole di nitrato **NO_3^-** hanno un "saldo" elettronico -2.

Complessivamente le cariche dei reagenti sono date dalla somma algebrica:

$$0 - 2 = -2$$

Passiamo al calcolo relativo ai prodotti.

Sei ioni argento totalizzano sei cariche positive (+6)

La molecola di **NO** non ha carica.

Il "saldo" elettronico dei prodotti è quindi dato dalla somma algebrica:

$$0 + 6 = +6$$

Il "saldo delle cariche" dei prodotti (+6) è diverso da quello dei reagenti (-2). Come dire che nel bilancio familiare dei reagenti ci sia stato un versamento di 8 elettroni di natura anonima.

Il mistero è presto svelato, i responsabili sono stati 8 idrogeno ioni dell'ambiente di reazione. La loro presenza giustifica e neutralizza le 8 cariche negative in eccesso.

La reazione riveduta è:

$$3Ag_2S + 2NO_3^- + 8H^+ = 6Ag^+ + 2NO + 3S$$

4) bilanciamento delle masse

La legge di Lavoisier ci fa notare che gli 8 atomi di ioni idrogeno appena aggiunti ai reagenti sembrano essere spariti, non compaiono tra i prodotti della redox.

Come se non bastasse mancano tra i prodotti anche 4 atomi di ossigeno, infatti di 6 atomi di ossigeno contenuti nelle 2 molecole di nitrato **$2NO_3^-$** ne ritroviamo tra i prodotti solo 2 nelle rispettive molecole di **NO**.

La spiegazione è data dalla molecola più abbondante presente sul pianeta, la molecola che si forma spontaneamente in un grande numero di reazioni: l'acqua.

La risposta all'enigma della sparizione dell'ossigeno e dell'idrogeno si scrive H_2O, si sono formate 4 molecole di acqua.

La reazione finale e bilanciata infine è:

$3Ag_2S + 2NO_3^- + 8H^+ = 6Ag^+ + 2NO + 3S + 4H_2O$

La reazione da bilanciare è:

$Bi^{+3} + SnO_2^{-2} + OH^- = Bi + SnO_3^{-2}$

Bilanciamento della reazione

1) calcolo del numero di ossidazione

Valutiamo il numero di ossidazione dei reagenti.

Lo ione bismuto Bi^{+2} ha numero di ossidazione +2 così come indica il numero in alto a destra.

Nella molecola di stannito SnO_2^{-2} il segno -2 in alto a destra ci indica che il "saldo" della somma algebrica delle cariche negative e delle cariche positive nella molecola è uguale a -2.

Ogni atomo di ossigeno tende a prelevare sempre due elettroni. Ogni elettrone ha sempre una carica negativa, pertanto, dato che nella molecola di SnO_2^{-2} sono presenti 2 atomi di ossigeno e che ogni atomo di ossigeno attira 2 elettroni nella molecola di SnO_2^{-2} i 2 atomi di ossigeno attraggono 4 elettroni di legame.

Se il "saldo elettronico" dello stannito SnO_2^{-2} è -2 e l'ossigeno ha prelevato 4 elettroni (-4) vuol dire che l'atomo di stagno presente nella molecola di SnO_2^{-2} ha versato 2 elettroni, si è privato di 2 elettroni cioè di 2 cariche negative e quindi è diventato positivo. Il numero di ossidazione dell'atomo di stagno nella molecola di SnO_2^{-2} è quindi +2. In altri termini la somma algebrica per il calcolo del "saldo" elettronico della molecola di SnO_2^{-2} si può riassumere così:

$$+2 -4 = -2$$

Passiamo a valutare il numero di ossidazione dei prodotti.

Il bismuto **Bi** è allo stato elementare e quindi ha numero di ossidazione zero.

La molecola di stannato SnO_3^{-2} è composta da 3 atomi di ossigeno che tendono ad attirare 2 elettroni ciascuno attingendo al "patrimonio" degli elettroni di legame della molecola. Considerato che la molecola di stannato SnO_3^{-2} ha carica complessiva -2, che i 3 atomi di ossigeno attraggono 6 elettroni (-6), la somma algebrica per il calcolo del "saldo" elettronico della molecola di stannato SnO_3^{-2} ci consente di calcolare per differenza il numero di ossidazione dell'atomo di stagno Sn. Il calcolo si può riassumere così:

$$+4 -6 = -2$$

L'atomo di stagno Sn ha numero di ossidazione +4 nella molecola di stannato SnO_3^{-2}.

2) confronto dei numeri di ossidazione

A questo punto osserviamo che l'atomo di bismuto **Bi** è passato da un numero di ossidazione +3 (prima della redox) ad un numero di ossidazione zero (dopo la redox). La carica positiva è diminuita quindi ha acquistato cariche negative, ha preso 3 elettroni.

Chi ha dato i 3 elettroni?

Come ben sappiamo gli elettroni e la materia non possono sparire e non possono spuntare dal nulla, quindi un atomo di un altro elemento deve averli ceduti.

L'attenzione non può che cadere sullo stagno.

Lo stagno aveva numero di ossidazione +2 nella molecola di SnO_2^{-2} prima della reazione (vedi la sua somma algebrica +2 - 4 = -2) e lo ritroviamo dopo la reazione redox nella molecola di stannato SnO_3^{-2} con un numero di ossidazione +4 (vedi la sua somma algebrica +4 -6 = -2).

Ogni atomo di stagno è passato da un numero di ossidazione +2 a numero di ossidazione +4, se sono aumentate le cariche positive vuol dire che è diminuita la carica negativa che aveva prima della reazione, se è diminuita la carica negativa vuol dire che ha perso 2 elettroni.

Se un atomo di bismuto ha ricevuto 3 elettroni vuol dire che 2 atomi di bismuto hanno ricevuto 6 elettroni (3 elettroni x 2 atomi).

Se un atomo di stagno ha ceduto 2 elettroni vuol dire che 3 atomi di stagno hanno ceduto 6 elettroni (2 elettroni x 3 atomi).

Nel corso della redox quindi i 6 elettroni ceduti da 3 atomi di stagno sono stati ricevuti da 2 atomi di bismuto.

Tre atomi di stagno reagiscono completamente con due atomi di bismuto.

La formula iniziale può quindi essere riscritta aggiungendo un 3 davanti allo stagno reagente e un 2 davanti al simbolo del bismuto reagente :

$$2Bi^{+3} + 3SnO_2^{-2} + OH^- = Bi + SnO_3^{-2}$$

Dato che la materia non si crea e non scompare nel nulla anche dopo la reazione dovranno comparire 3 atomi di stagno e 2 atomi di bismuto, quindi siamo autorizzati ad aggiungere un 3 davanti alla molecola di stannato SnO_3^{-2} e un 2 davanti al simbolo del bismuto prodotto.

$$2Bi^{+3} + 3SnO_2^{-2} + OH^- = 2Bi + 3SnO_3^{-2}$$

3) bilanciamento delle cariche

Il controllo successivo sulla reazione consiste nel tracciare il percorso compiuto dagli elettroni nello spostarsi dall'elemento del reagente che si è ossidato all'elemento del reagente che si è ridotto. Dobbiamo verificare che nessun elettrone sia sparito o spuntato dal nulla.

Utilizziamo il già noto esempio pratico: il bilancio familiare di una coppia di coniugi è composto dalla somma algebrica del saldo dei rispettivi conti correnti. Se il marito spendaccione ha un saldo negativo sul suo conto e la moglie risparmiatrice ha un saldo positivo sul proprio conto possiamo affermare che il saldo della famiglia nel suo complesso è la somma algebrica dei due saldi.

In una redox avviene una cosa analoga, la differenza consiste nel fatto che ci si esprime in termini di elettroni, di cariche negative.

La somma dei "saldi" elettronici delle molecole reagenti deve essere uguale alla somma dei "saldi" elettronici dei prodotti.

Passiamo alla pratica.

Lo ione **Bi**$^{+3}$ ha numero di ossidazione +3 così come indica il numero in alto a destra, quindi due ioni di bismuto **2Bi**$^{+3}$ apportano 6 cariche positive al bilancio (+6).

Nella molecola di stannito **SnO**$_2^{-2}$ il segno meno in alto a destra ci indica che il "saldo" della somma algebrica delle cariche negative e delle cariche positive nella molecola è uguale a -2. Tre molecole di stannito apportano 6 cariche negative (-6).

La molecola di ione idrossido (**OH**$^-$) che non ha partecipato alla redox apporta una carica negativa (-1).

Il bilancio delle cariche dei reagenti è dato dalla somma algebrica:

$$+ 6 - 6 \quad -1 = -1$$

Passiamo al calcolo relativo ai prodotti.

L'atomo di bismuto **Bi** non presenta cariche in alto a destra quindi ha numero di ossidazione zero.

La molecola di stannato **SnO**$_3^{-2}$ ha due cariche negative, tre molecole di stannato totalizzano 6 cariche negative (-6).

Il "saldo" elettronico dei prodotti è quindi dato dalla somma algebrica:

$$0 - 6 = -6$$

Il "saldo delle cariche" dei prodotti (-6) è diverso da quello dei reagenti (-1). Nel bilancio familiare dei reagenti sembra manchino 5 cariche negative.

La loro carenza è compensata semplicemente con un incremento da 1 a 6 delle molecole di ione idrossido (**OH⁻**).

La reazione riveduta è:

$2Bi^{+3}$ + $3SnO_2^{-2}$ + $6OH^-$ = $2Bi$ + $3SnO_3^{-2}$

4) bilanciamento delle masse

La legge di Lavoisier ci fa notare che 3 molecole di stannito **$3SnO_2^{-2}$** contengono 6 atomi di ossigeno che sommati ai 6 atomi di ossigeno delle 6 molecole di ione idrossido **$6OH^-$** totalizzano 12 atomi di ossigeno tra i reagenti.

Tra i prodotti invece compaiono solo 9 atomi di ossigeno nelle 3 molecole di stannato **$3SnO_3^{-2}$**. Mancano 3 atomi di ossigeno ai prodotti della redox.

Mancano all'appello tra i prodotti anche i 6 atomi di idrogeno presenti nelle 6 molecole di ione idrossido reagente **$6OH^-$**.

La spiegazione è data da una molecola molto comune che a certe condizioni si produce nel corso delle reazioni chimiche.

Si sono formate 3 molecole di acqua.

La reazione finale e bilanciata infine è:

$$2Bi^{+3} + 3SnO_2^{-2} + 6OH^- = 2Bi + 3SnO_3^{-2} + 3H_2O$$

La reazione da bilanciare è:

PbS + **NO$_3^-$** = **PbSO$_4$** + **NO$_2$**

Bilanciamento della reazione

Ambiente di reazione

Questa reazione avviene aggiungendo dell'acido nitrico, ricordiamo che gli atomi di idrogeno delle molecole di HNO$_3$ cedono l'elettrone che hanno in dotazione, si trasformano in ioni H$^+$ liberi di vagare nella soluzione. Incontreremo questi ioni tra qualche pagina.

1) calcolo del numero di ossidazione

Valutiamo il numero di ossidazione dei reagenti.

La molecola di solfuro di piombo **PbS** non ha cariche, l'atomo di zolfo nei solfuri ha sempre numero di ossidazione -2, regola generale da memorizzare. Se il bilancio di cariche nella molecola del solfuro di piombo è zero e l'atomo di zolfo ha numero di ossidazione -2, si deduce per semplice differenza che l'atomo di piombo ha numero di ossidazione +2.

Il bilancio delle cariche nella molecola di solfuro di piombo è:

+2 -2 = 0

Nella molecola di nitrato NO_3^- il segno meno in alto a destra ci indica che il "saldo" della somma algebrica delle cariche negative e delle cariche positive nella molecola è uguale a -1.

Ogni atomo di ossigeno tende a prelevare sempre due elettroni. Ogni elettrone ha sempre una carica negativa, pertanto, dato che nella molecola di NO_3^- sono presenti 3 atomi di ossigeno e che ogni atomo di ossigeno attira 2 elettroni di legame possiamo affermare che nella molecola di NO_3^- i 3 atomi di ossigeno hanno prelevato 6 elettroni.

Se il "saldo elettronico" del nitrato è -1 e l'ossigeno ha prelevato 6 elettroni (-6) vuol dire che l'atomo di azoto presente nella molecola di NO_3^- ha versato 5 elettroni, si è privato di 5 elettroni cioè di 5 cariche negative e quindi è diventato positivo. Il numero di ossidazione dell'atomo di azoto nella molecola di nitrato è quindi +5. In altri termini la somma algebrica per il calcolo del "saldo" elettronico della molecola di nitrato si può riassumere così:

$$+5 -6 = -1$$

Passiamo a valutare il numero di ossidazione dei prodotti.

La molecola di solfato di piombo non ha carica quindi uguale a zero ed è composta da un atomo di piombo e da un anione solfato SO_4^{-2}.

L'anione solfato SO_4^{-2} ha due cariche negative. L'ossigeno tende a sequestrare 2 elettroni di legame in seno alle molecole in cui fa parte. Quattro atomi di ossigeno attirano 8 elettroni contribuendo con -8 al bilancio delle cariche in seno alla molecola.

Il numero di ossidazione dell'atomo dello zolfo è quindi l'incognita della somma algebrica:
$$(\text{n.o. zolfo}) - 8 = -2$$

Si ricava che il numero di ossidazione dell'atomo di zolfo nella molecola di solfato SO_4^{-2} è +6.

Il calcolo si può riassumere così:

$$+6 - 8 = -2$$

La molecola di biossido di azoto NO_2 ha un "saldo elettronico" uguale a zero perché non compaiono cariche positive o negative in alto a destra.

Dato che nella molecola di NO_2 sono presenti 2 atomi di ossigeno e conosciamo la regola generale che ogni atomo di ossigeno attira 2 elettroni di legame possiamo affermare che nella molecola di **NO₂** l'ossigeno contribuisce con -4.

Il numero di ossidazione dell'atomo dell'azoto è quindi l'incognita della somma algebrica:

$$(\text{n.o. azoto}) -4 = 0$$

Si ricava che il numero di ossidazione dell'atomo di azoto nella molecola di **NO₂** è +4.

In altri termini la somma algebrica per il calcolo del "saldo" elettronico della molecola di NO₂ si può riassumere così:

$$+4 -4 = 0$$

2) confronto dei numeri di ossidazione

A questo punto osserviamo che l'atomo di zolfo contenuto nel solfuro di piombo aveva numero di ossidazione -2.

Dopo la redox l'atomo di zolfo contenuto nella molecola di solfato di piombo ha numero di ossidazione +6.

Il numero di ossidazione dello zolfo si è spostata verso valori positivi, il che significa che ha perso cariche negative alias elettroni. Per passare da -2 a +6 ha ceduto 8 elettroni.

Chi ha ricevuto gli 8 elettroni?

Come ben sappiamo gli elettroni e la materia non possono sparire e non possono spuntare dal nulla, quindi un atomo di un altro elemento deve averli presi.

L'attenzione non può che cadere sull'azoto.

L'azoto aveva numero di ossidazione +5 prima della reazione (vedi la sua somma algebrica +5 -6 = -1) e lo ritroviamo dopo la reazione redox nella molecola di ossido di azoto **NO_2** con un numero di ossidazione +4 (vedi la sua somma algebrica +4 -4 = 0).

Ogni atomo di azoto è passato da un numero di ossidazione +5 a numero di ossidazione +4, se sono diminuite le cariche positive vuol dire che è aumentata la carica negativa che aveva prima della reazione, se è aumentata la carica negativa significa che ha acquistato 1 elettrone.

Se un atomo di azoto ha ricevuto 1 elettrone, e un atomo di zolfo ne ha ricevuti 8 si sono impegnati a completare la redox 8 atomi di azoto, ciascuno con il modesto contributo del suo elettrone.

Nel corso della redox quindi gli 8 elettroni ceduti da 8 atomi di azoto sono stati ricevuti da un atomo di zolfo.

Un atomo di zolfo ha reagito con 8 atomi di azoto.

La formula iniziale può quindi essere riscritta aggiungendo un 8 davanti alla molecola azotata reagente **NO_3^-**:

$PbS + 8NO_3^- = PbSO_4 + NO_2$

Dato che la materia non si crea e non scompare nel nulla anche dopo la reazione dovranno comparire 8 atomi di azoto anche tra i prodotti della reazione. quindi aggiungiamo un 8 davanti al simbolo del biossido di azoto NO_2.

PbS + 8NO$_3^-$ = PbSO$_4$ + 8NO$_2$

3) bilanciamento delle cariche

Il controllo successivo sulla reazione consiste nel tracciare il percorso compiuto dagli elettroni nello spostarsi dall'elemento del reagente che si è ossidato all'elemento del reagente che si è ridotto. Dobbiamo verificare che nessun elettrone sia sparito o spuntato dal nulla.

Utilizziamo il già noto esempio pratico: il bilancio familiare di una coppia di coniugi è composto dalla somma algebrica del saldo dei rispettivi conti correnti. Se il marito spendaccione ha un saldo negativo sul suo conto e la moglie risparmiatrice ha un saldo positivo sul proprio conto possiamo affermare che il saldo della famiglia nel suo complesso è la somma algebrica dei due saldi.

In una redox avviene una cosa analoga, la differenza consiste nel fatto che ci si esprime in termini di elettroni, di cariche negative.

La somma dei "saldi" elettronici delle molecole reagenti deve essere uguale alla somma dei "saldi" elettronici dei prodotti.

Passiamo alla pratica.

La molecola di solfuro di Piombo **PbS** è neutra, quindi ha carica zero.

L'anione nitrato **NO_3^-** ha una carica negativa, quindi gli 8 anione nitrato contribuiscono con 8 cariche negative al "saldo" di cariche dei reagenti.

Le cariche presenti tra i reagenti sono:

$$0 \; + \; -8 \; = \; -8$$

Passiamo al calcolo relativo ai prodotti.

La molecola di solfato di piombo **$PbSO_4$** è neutra, carica zero.

La molecola di biossido di azoto è anch'essa neutra.

Il "saldo delle cariche" dei prodotti (zero) è diverso da quello dei reagenti (-8). Nel "bilancio familiare" dei reagenti sembra ci sia stato un versamento di 8 elettroni di natura sconosciuta.

Il mistero è presto svelato, i responsabili sono stati 8 idrogeno ioni dell'ambiente di reazione.

La loro presenza giustifica e neutralizza le 8 cariche negative in eccesso.

La reazione riveduta è:

$$PbS + 8NO_3^- + 8H^+ = PbSO_4 + 8NO_2$$

4) bilanciamento delle masse

La legge di Lavoisier ci fa notare che tra i prodotti mancano 4 atomi di ossigeno e 8 atomi di idrogeno.

Il calcolo è semplice: lato reagenti abbiamo che 8 anioni nitrato **$8NO_3^-$** contengono (3x8) 24 atomi di ossigeno, mentre lato prodotti abbiamo che una molecola di solfato di piombo **$PbSO_4$** ne ha 4, le 8 molecole di biossido di azoto **$8NO_2$** ne hanno 16 che aggiunti ai 4 del solfato fanno 20.

Il calcolo degli idrogeni mancanti è immediato, i reagenti annoverano **$8H^+$** che sono inesistenti tra i prodotti.

La spiegazione è data dalla solita molecola più abbondante presente sul pianeta: l'acqua che si forma talvolta o spesso nelle redox.

La reazione finale e bilanciata infine è:

$$PbS + 8NO_3^- + 8H^+ = PbSO_4 + 8NO_2 + 4H_2O$$

La reazione da bilanciare è:

$$Fe^{+2} + NO_3^- = Fe^{+3} + NO$$

Bilanciamento della reazione

Ambiente di reazione

Questa reazione avviene aggiungendo dell'acido nitrico, ricordiamo che gli atomi di idrogeno delle molecole di HNO_3 cedono l'elettrone che hanno in dotazione, si trasformano in ioni H^+ liberi di vagare nella soluzione. Incontreremo questi ioni tra qualche pagina.

1) calcolo del numero di ossidazione

Valutiamo il numero di ossidazione dei reagenti.

Lo ione Fe^{+2} ha numero di ossidazione +2 così come indica il numero in alto a destra.

Nella molecola di nitrato NO_3^- il segno meno in alto a destra ci indica che il "saldo" della somma algebrica delle cariche negative e delle cariche positive nella molecola è uguale a -1.

Ogni atomo di ossigeno tende a prelevare sempre due elettroni. Ogni elettrone ha sempre una carica negativa, pertanto, dato che nella molecola di NO_3^- sono presenti 3 atomi di ossigeno e che ogni atomo di ossigeno preleva sempre 2 elettroni possiamo affermare che nella molecola di NO_3^- i 3 atomi di ossigeno hanno attirato 6 elettroni di legame.

Se il "saldo elettronico" del nitrato è -1 e l'ossigeno ha prelevato 6 elettroni (-6) vuol dire che l'atomo di azoto presente nella molecola di NO_3^- ha versato 5 elettroni, si è privato di 5 elettroni cioè di 5 cariche negative e quindi è diventato positivo. Il numero di ossidazione dell'atomo di azoto nella molecola di nitrato è quindi +5. In altri termini la somma algebrica per il calcolo del "saldo" elettronico della molecola di nitrato si può riassumere così:

$$+5 - 6 = -1$$

Passiamo a valutare il numero di ossidazione dei prodotti.

Lo ione argento Fe^{+3} ha numero di ossidazione +3 come dimostrato dalla carica in alto a destra.

La molecola di ossido di azoto **NO** ha un "saldo elettronico" uguale a zero perché non compaiono cariche positive o negative in alto a destra.

Dato che nella molecola di **NO** è presente 1 atomo di ossigeno e conosciamo la regola generale che ogni atomo di ossigeno attira sempre 2 elettroni il numero di ossidazione dell'atomo di azoto è quindi l'incognita della somma algebrica:

$$(\text{n.o. azoto}) - 2 = 0$$

Si ricava che il numero di ossidazione dell'atomo di azoto nella molecola di **NO** è +2.

In altri termini la somma algebrica per il calcolo del "saldo" elettronico della molecola di **NO** si può riassumere così:

$$+2 - 2 = 0$$

2) **confronto dei numeri di ossidazione**

A questo punto osserviamo che il Ferro ha numero di ossidazione +2 prima della reazione (il numero in alto a destra di Fe^{+2}) e lo ritroviamo dopo la reazione redox con un numero di ossidazione +3 (Fe^{+3}).

Ogni atomo di Ferro ha incrementato di +1 il suo "saldo", ma se sono aumentate la cariche positive vuol dire che è diminuita la carica negativa che aveva prima della reazione, cioè ogni atomo di ferro ha perso un elettrone.

Gli elettroni e la materia non possono sparire e non possono spuntare dal nulla, quindi un atomo di un altro elemento deve averli presi.

L'attenzione non può che cadere sull'azoto.

L'azoto aveva numero di ossidazione +5 prima della reazione (vedi la sua somma algebrica +5 -6 = -1) e lo ritroviamo dopo la reazione redox nella molecola di ossido di azoto **NO** con un numero di ossidazione +2 (vedi la sua somma algebrica +2 -2 = 0).

Ogni atomo di azoto è passato da un numero di ossidazione +5 a numero di ossidazione +2, se sono diminuite le cariche positive è aumentata la carica negativa che aveva prima della reazione, ha acquistato 3 elettroni.

Se un atomo di azoto ha ricevuto 3 elettroni e ogni atomo di Ferro ne ha perso uno solo vuol dire che ci sono voluti 3 atomi di Ferro per totalizzare il numero di 3 elettroni ricevuti da un atomo di azoto.

La formula iniziale può quindi essere riscritta aggiungendo un 3 davanti al **Fe^{+2}**:

3Fe^{+2} +   NO$_3^-$ =   Fe^{+3} +   NO

Dato che la materia non si crea e non scompare nel nulla anche dopo la reazione dovranno comparire 3 atomi di ferro, quindi siamo autorizzati ad aggiungere un 3 davanti al **Fe^{+3}**.

3Fe^{+2} +   NO$_3^-$ =   3Fe^{+3} +   NO

3) bilanciamento delle cariche

Il controllo successivo sulla reazione consiste nel tracciare il percorso compiuto dagli elettroni nello spostarsi dall'elemento del reagente che si è ossidato all'elemento del reagente che si è ridotto. Dobbiamo verificare che nessun elettrone sia sparito o spuntato dal nulla.

Utilizziamo il già noto esempio pratico: il bilancio familiare di una coppia di coniugi è composto dalla somma algebrica del saldo dei rispettivi conti correnti. Se il marito spendaccione ha un saldo negativo sul suo conto e la moglie risparmiatrice ha un saldo positivo sul proprio conto possiamo affermare che il saldo della famiglia nel suo complesso è la somma algebrica dei due saldi.

In una redox avviene una cosa analoga, la differenza consiste nel fatto che ci si esprime in termini di elettroni, di cariche negative.

La somma dei "saldi" elettronici delle molecole reagenti deve essere uguale alla somma dei "saldi" elettronici dei prodotti.

Passiamo alla pratica.

Il Fe^{+2} ha una carica +2, quindi 3 ioni ferro totalizzano una carica +6

Il nitrato NO_3^- apporta una carica negativa.

Complessivamente le cariche dei reagenti sono date dalla somma algebrica:

$$+6 \quad -1 \ = \ +5$$

Passiamo al calcolo relativo ai prodotti.

Il Fe^{+3} ha una carica +3, quindi 3 ioni ferro totalizzano una carica +9

La molecola di **NO** ha carica zero.

Il "saldo" elettronico dei prodotti è quindi dato dalla somma algebrica:

$$9 + 0 = +9$$

Il "saldo delle cariche" dei prodotti (+9) è diverso da quello dei reagenti (+5). Come dire che nel bilancio familiare dei reagenti ci sia stato un versamento di 4 elettroni di natura anonima.

Il mistero è presto svelato, i responsabili sono 4 idrogeno ioni dell'ambiente di reazione.

La loro presenza giustifica e neutralizza le 4 cariche negative in eccesso.

La reazione riveduta è:

$$3Fe^{+2} + NO_3^- + 4H^+ = 3Fe^{+3} + NO$$

4) bilanciamento delle masse

La legge di Lavoisier ci fa notare che i 4 atomi di ioni idrogeno appena aggiunti ai reagenti sembrano essere spariti, non compaiono tra i prodotti della redox.

Come se non bastasse mancano tra i prodotti anche 2 atomi di ossigeno, infatti di 3 atomi di ossigeno contenuti nella molecola di nitrato NO_3^- ne ritroviamo tra i prodotti solo 1 nelle molecola di **NO**.

La spiegazione è data dalla molecola più abbondante presente sul pianeta, la molecola che si forma spontaneamente in un grande numero di reazioni: l'acqua.

La risposta all'enigma della sparizione dell'ossigeno e dell'idrogeno si scrive H_2O, si sono formate 2 molecole di acqua.

La reazione finale e bilanciata infine è:

$$3Fe^{+2} + NO_3^- + 4H^+ = 3Fe^{+3} + NO + 2H_2O$$

La reazione da bilanciare è:

$$Br^- + Cr_2O_7^{-2} = Br_2 + Cr^{+3}$$

Bilanciamento della reazione

Ambiente di reazione

Questa reazione avviene aggiungendo dell'acido solforico che non partecipa alla redox e quindi non viene menzionato, ricordiamo che gli atomi di idrogeno della molecola di H_2SO_4 cedono l'elettrone che hanno in dotazione, si trasformano in ioni H^+ liberi di vagare nella soluzione. Incontreremo questi ioni tra qualche pagina.

1) calcolo del numero di ossidazione

Valutiamo il numero di ossidazione dei reagenti.

L'anione bromuro **Br⁻** ha numero di ossidazione -1 nel rispetto della carica che compare in alto a destra del suo simbolo e del fatto che non è legato ad altri atomi che possano interferire sull'attrazione degli elettroni di legame.

La molecola di bicromato $Cr_2O_7^{-2}$ ha un "saldo" di 2 cariche negative (-2), ha 7 atomi di ossigeno che attirano 2 elettroni ciascuno (-14).

Il numero di ossidazione dell'atomo di cromo è quindi l'incognita della somma algebrica:
$$(\text{n.o. cromo}) - 14 = -2$$

Si ricava che il numero di ossidazione di 2 atomi di cromo nella molecola di bicromato $Cr_2O_7^{-2}$ è +12.

Il calcolo del numero di ossidazione di due atomi di cromo è il risultato di una semplice somma algebrica:

+12 - 14 = -2

Il numero di ossidazione di un elemento si riferisce sempre ad un solo atomo, il valore esatto quindi è +6.

Il cromo nella molecola di bicromato ha numero di ossidazione +6.

Passiamo a valutare il numero di ossidazione dei prodotti.

Il bromo è allo stato molecolare Br_2 quindi ha numero di ossidazione zero.

Il catione cromo Cr^{+3} ha 3 cariche positive e in mancanza di contraddittorio da parte di altri elementi, conferma il suo numero di ossidazione +3

2) confronto dei numeri di ossidazione

A questo punto osserviamo che l'atomo di bromo è passato da un numero di ossidazione -1 (Br^-) ad un numero di ossidazione zero (Br_2). La sua carica negativa è diminuita quindi ha perduto elettroni, ha ceduto 1 elettrone per atomo. Dato che si è creata una molecola di bromo composta da due atomi (Br_2), si deduce che si sono impegnati 2 ioni bromuro (Br^-) e altrettanti elettroni.

Il cromo è passato da un numero di ossidazione +6 nel bicromato $Cr_2O_7^{-2}$ ad un numero di ossidazione +3 con il Cr^{+3} prodotto.

La sua carica positiva è diminuita, il che vuol dire che la sua carica negativa è aumentata, cioè ha acquistato elettroni.

Ogni atomo di cromo ha ricevuto 3 elettroni. Considerato che la molecola del bicromato $Cr_2O_7^{-2}$ ha 2 atomi di cromo, gli elettroni acquistati dai 2 atomi di cromo impegnati nella redox è pari a 6.

Quindi se 2 atomi di bromo hanno perduto 2 elettroni, per proporzione 6 atomi di bromo hanno ceduto 6 elettroni.

I 6 elettroni ceduti da 6 atomi di bromo sono stati interamente acquisiti da 2 atomi di cromo nel corso della redox.

La formula iniziale può quindi essere riscritta in modo da coinvolgere come reagenti 6 atomi di bromo e 2 atomi di cromo.

Aggiungiamo un 6 davanti al simbolo del bromuro Br^-.

Saremmo a questo punto tentati di aggiungere un 2 davanti alla molecola del reagente bicromato $Cr_2O_7^{-2}$, ma il caso vuole che la molecola ha già 2 atomi di cromo e quindi non modifichiamo la sua quantità. Non aggiungiamo il 2.

Riscriviamo la reazione:

$6Br^- + Cr_2O_7^{-2} = Br_2 + Cr^{+3}$

Dato che la materia non si crea e non scompare nel nulla anche dopo la reazione dovranno comparire 6 atomi di bromo e 2 di cromo tra i prodotti della reazione. Anche in questo caso saremmo tentati di aggiungere un 6 davanti al simbolo della molecola di bromo **Br_2**, ma la molecola del bromo è per natura biatomica, composta da 2 atomi, e quindi per fare in modo che gli atomi di bromo diventino 6 moltiplichiamo per 3.

Aggiungiamo un 3 davanti al simbolo della molecola di bromo **Br_2**.

Aggiungiamo 2 davanti all'anione cromo **Cr^{+3}**.

La reazione diventa:

$6Br^- + Cr_2O_7^{-2} = 3Br_2 + 2Cr^{+3}$

3) **bilanciamento delle cariche**

Il controllo successivo sulla reazione consiste nel tracciare il percorso compiuto dagli elettroni nello spostarsi dall'elemento del reagente che si è ossidato all'elemento del reagente che si è ridotto. Dobbiamo verificare che nessun elettrone sia sparito o spuntato dal nulla.

Utilizziamo il già noto esempio pratico: il bilancio familiare di una coppia di coniugi è composto dalla somma algebrica del saldo dei rispettivi conti correnti. Se il marito spendaccione ha un saldo negativo sul suo conto e la moglie risparmiatrice ha un saldo positivo sul proprio conto possiamo affermare che il saldo della famiglia nel suo complesso è la somma algebrica dei due saldi.

In una redox avviene una cosa analoga, la differenza consiste nel fatto che ci si esprime in termini di elettroni, di cariche negative.

La somma dei "saldi" elettronici delle molecole reagenti deve essere uguale alla somma dei "saldi" elettronici dei prodotti.

Passiamo alla pratica.

L'anione bromuro **Br** $^-$ ha una carica negativa e quindi 6 bromuri contribuiscono al "saldo" di cariche dei reagenti con un -6.

L'anione bicromato $Cr_2O_7^{-2}$ apporta 2 cariche negative

Le cariche presenti tra i reagenti sono quindi :

$$-6 + -2 = -8$$

Passiamo al calcolo relativo ai prodotti.

La molecola di solfato di piombo bromo **Br₂** è neutra, carica zero.

Il catione cromo **Cr⁺³** apporta 3 cariche positive, ma dato che sono 2 atomi di cromo il totale sale a 6 cariche positive (+6).

La somma algebrica delle cariche dei prodotti è:

$$0 \; + \; 6 \; = \; +6$$

Il "saldo delle cariche" dei prodotti (+6) è diverso da quello dei reagenti (-8). Nel "bilancio familiare" dei reagenti sembra ci sia stato un versamento di 14 elettroni di natura sconosciuta.

Il mistero è presto svelato, i responsabili sono stati 14 idrogeno ioni dell'ambiente di reazione.

La loro presenza giustifica e neutralizza le 14 cariche negative in eccesso.

La reazione riveduta è:

6Br⁻ + Cr₂O₇⁻² + 14H⁺ = 3Br₂ + 2Cr⁺³

4) bilanciamento delle masse

La legge di Lavoisier ci fa notare che tra i prodotti mancano 7 atomi di ossigeno e 14 atomi di idrogeno.

Il calcolo è semplice: lato reagenti abbiamo un anione bicromato $Cr_2O_7^{-2}$ che contiene 7 atomi di ossigeno, in aggiunta compaiono i 14 idrogeno ioni aggiunti per bilanciare le cariche **14H$^+$**. Atomi che sono completamente assenti tra i prodotti della redox.

Il bilanciamento è giustificato grazie dalle molecole di acqua che si sono formate nel corso della redox.

La reazione finale e bilanciata infine è:

6Br$^-$ + Cr$_2$O$_7^{-2}$ + 14H$^+$ = 3Br$_2$ + 2Cr^{+3} + 7H$_2$O

La reazione da bilanciare è:

$$Sn + NO_3^- = H_2SnO_3 + NO$$

Bilanciamento della reazione

Ambiente di reazione

Questa reazione avviene aggiungendo dell'acido nitrico, ricordiamo che gli atomi di idrogeno delle molecole di HNO_3 cedono l'elettrone che hanno in dotazione, si trasformano in ioni H^+ liberi di vagare nella soluzione. Incontreremo questi ioni tra qualche pagina.

1) calcolo del numero di ossidazione

Valutiamo il numero di ossidazione dei reagenti.

L'atomo di stagno **Sn** non presenta cariche in alto a destra quindi ha numero di ossidazione zero.

Nella molecola di nitrato NO_3^- il segno meno in alto a destra ci indica che il "saldo" della somma algebrica delle cariche negative e delle cariche positive nella molecola è uguale a -1.

Ogni atomo di ossigeno tende a prelevare sempre due elettroni. Ogni elettrone ha sempre una carica negativa, pertanto, dato che nella molecola di NO_3^- sono presenti 3 atomi di ossigeno e che ogni atomo di ossigeno preleva sempre 2 elettroni possiamo affermare che nella molecola di NO_3^- i 3 atomi di ossigeno hanno prelevato 6 elettroni.

Se il "saldo elettronico" del nitrato è -1 e l'ossigeno ha prelevato 6 elettroni (-6) vuol dire che l'atomo di azoto presente nella molecola di NO_3^- ha versato 5 elettroni, si è privato di 5 elettroni cioè di 5 cariche negative e quindi è diventato positivo. Il numero di ossidazione dell'atomo di azoto nella molecola di nitrato è quindi +5.

Il numero di ossidazione dell'atomo di azoto è quindi l'incognita della somma algebrica:

$$(\text{n.o. azoto}) - 6 = -1$$

Si ricava che il numero di ossidazione dell'atomo di azoto nella molecola di NO_3^- è +5.

In altri termini la somma algebrica per il calcolo del "saldo" elettronico della molecola di nitrato si può riassumere così:

$$+5 - 6 = -1$$

Passiamo a valutare il numero di ossidazione dei prodotti.

La molecola di acido stannico **H₂SnO₃** è composta da 3 atomi di ossigeno che tendono ad attirare 2 elettroni ciascuno attingendo al "patrimonio" degli elettroni di legame della molecola. I due atomi di idrogeno per "tendenza costituzionale" cedono 1 elettrone ciascuno. Considerato che la molecola di acido stannico **H₂SnO₃** ha carica complessiva zero, che i 3 atomi di ossigeno attraggono 6 elettroni (-6) e che i 2 atomi di idrogeno ne cedono 2 (+2), la somma algebrica per il calcolo del "saldo" elettronico della molecola di acido stannico **H₂SnO₃** ci consente di calcolare per differenza il numero di ossidazione dell'atomo di stagno Sn.

Il numero di ossidazione dell'atomo di stagno è quindi l'incognita della somma algebrica:

$$+2 \ + (\text{n.o. stagno}) \ -6 = 0$$

Si ricava che il numero di ossidazione dell'atomo di stagno nella molecola di **H₂SnO₃** è +4.

Il calcolo si può riassumere così:

$$+2 +4 -6 = 0$$

La molecola di ossido di azoto **NO** ha un "saldo elettronico" uguale a zero perché non compaiono cariche positive o negative in alto a destra.

Dato che nella molecola di **NO** è presente 1 atomo di ossigeno e conosciamo la regola generale che ogni atomo di ossigeno attira 2 elettroni di legame, la somma algebrica per il calcolo del "saldo" elettronico della molecola di NO si può riassumere così:

$$+2 -2 = 0$$

Il numero di ossidazione dell'atomo dell'azoto è quindi l'incognita della somma algebrica:
$$(n.o.\ azoto.) -2 = 0$$

Si ricava che il numero di ossidazione dell'atomo di azoto nella molecola di **NO** è +2.

2) confronto dei numeri di ossidazione

A questo punto osserviamo che l'atomo di stagno è passato da un numero di ossidazione zero (prima della redox) ad un numero di ossidazione +4 (dopo la redox). La carica positiva è aumentata quindi ha perso cariche negative, cioè ha ceduto 4 elettroni.

Chi ha ricevuto i 4 elettroni?

Come ben sappiamo gli elettroni e la materia non possono sparire e non possono spuntare dal nulla, quindi un atomo di un altro elemento deve averli presi.

L'attenzione non può che cadere sull'azoto.

L'azoto aveva numero di ossidazione +5 prima della reazione (vedi la sua somma algebrica +5 -6 = -1) e lo ritroviamo dopo la reazione redox nella molecola di ossido di azoto **NO** con un numero di ossidazione +2 (vedi la sua somma algebrica +2 -2 = 0).

Ogni atomo di azoto è passato da un numero di ossidazione +5 a numero di ossidazione +2, se sono diminuite le cariche positive vuol dire che è aumentata la carica negativa che aveva prima della reazione, se è aumentata la carica negativa significa che ha acquistato 3 elettroni.

Se un atomo di azoto ha ricevuto 3 elettroni, 4 atomi di azoto hanno ricevuto 12 elettroni (3 elettroni x 4 atomi).

Se un atomo di stagno ha ceduto 4 elettroni, 3 atomi di stagno hanno ceduto 12 elettroni (4 elettroni x 3 atomi).

Nel corso della redox quindi i 12 elettroni ceduti da 3 atomi di stagno sono stati ricevuti da 4 atomi di azoto

La formula iniziale può quindi essere riscritta aggiungendo un 3 davanti allo stagno reagente e un 4 davanti al simbolo della molecola di nitrato NO_3^- :

3Sn + 4NO$_3^-$ = H$_2$SnO$_3$ + NO

Dato che la materia non si crea e non scompare nel nulla anche dopo la reazione dovranno comparire 3 atomi di stagno e 4 atomi di azoto, quindi siamo autorizzati ad aggiungere un 3 davanti allo stagno della molecola di acido stannico e un 4 davanti al simbolo dell'ossido di azoto **NO**

3Sn + 4NO$_3^-$ = 3H$_2$SnO$_3$ + 4NO

3) bilanciamento delle cariche

Il controllo successivo sulla reazione consiste nel tracciare il percorso compiuto dagli elettroni nello spostarsi dall'elemento del reagente che si è ossidato all'elemento del reagente che si è ridotto. Dobbiamo verificare che nessun elettrone sia sparito o spuntato dal nulla.

Utilizziamo il già noto esempio pratico: il bilancio familiare di una coppia di coniugi è composto dalla somma algebrica del saldo dei rispettivi conti correnti. Se il marito spendaccione ha un saldo negativo sul suo conto e la moglie risparmiatrice ha un saldo positivo sul proprio conto possiamo affermare che il saldo della famiglia nel suo complesso è la somma algebrica dei due saldi.

In una redox avviene una cosa analoga, la differenza consiste nel fatto che ci si esprime in termini di elettroni, di cariche negative.

La somma dei "saldi" elettronici delle molecole reagenti deve essere uguale alla somma dei "saldi" elettronici dei prodotti.

Passiamo alla pratica.

L'atomo di stagno **Sn** non presenta cariche in alto a destra quindi ha numero di ossidazione zero.

Nella molecola di nitrato NO_3^- il segno meno in alto a destra ci indica che il "saldo" della somma algebrica delle cariche negative e delle cariche positive nella molecola è uguale a -1.

Le molecole di nitrato NO_3^- sono 4 quindi la carica complessiva dei nitrati è -4.

Il bilancio delle cariche dei reagenti è dato dalla somma algebrica:

$$0 - 4 = -4$$

Passiamo al calcolo relativo ai prodotti.

La molecola di acido stannico H_2SnO_3 ha carica complessiva zero

La molecola di **NO** ha carica zero.

Il "saldo" elettronico dei prodotti è quindi dato dalla somma algebrica:

$$0 + 0 = 0$$

Il "saldo delle cariche" dei prodotti (zero) è diverso da quello dei reagenti (-4). Nel bilancio familiare dei reagenti sembra ci sia stato un versamento di 4 elettroni di natura anonima.

Il mistero è presto svelato, i responsabili sono stati 4 **idrogeno ioni dell'ambiente di reazione.**

La loro presenza giustifica e neutralizza le 4 cariche negative in eccesso.

La reazione riveduta è:

3Sn + 4NO$_3^-$ + 4 H$^+$ = 3H$_2$SnO$_3$ + 4NO

4) bilanciamento delle masse

La legge di Lavoisier ci fa notare che 3 molecole di acido stannico **3H$_2$SnO$_3$** contengono 6 atomi di idrogeno mentre tra i reagenti ne compaiono 4 (**4 H$^+$**). Sembra che 2 atomi di idrogeno siano comparsi dal nulla.

Come se non bastasse è magicamente apparso tra i prodotti anche un atomo di ossigeno, infatti di 12 atomi di ossigeno contenuti nelle 4 molecole di nitrato **4NO$_3^-$** ritroviamo tra i prodotti 9 atomi di ossigeno contenuti nelle 3 molecole di acido stannico **3H$_2$SnO$_3$** e 4 atomi di ossigeno contenuti nelle

4 molecole di **NO**, per un totale di 13 atomi di ossigeno, i prodotti hanno un ossigeno in più.

La spiegazione è data dalla formazione di una molecola di acqua.

La reazione finale e bilanciata infine è:

$$3Sn + 4NO_3^- + 4H^+ + H_2O = 3H_2SnO_3 + 4NO$$

La reazione da bilanciare è:

$Cr(OH)_3 \quad + \quad Na_2O_2 \quad = \quad CrO_4^{-2} + \quad OH^-$

Bilanciamento della reazione

1) **calcolo del numero di ossidazione**

Valutiamo il numero di ossidazione dei reagenti.

La molecola di idrossido di cromo **$Cr(OH)_3$** è neutra, ha un"saldo elettronico" zero ed è composta da tre ossidrili **(OH^-)** e da un atomo di cromo. Ogni atomo di ossigeno tende a catturare 2 elettroni di legame, quindi i 3 atomi di ossigeno degli ossidrili attraggono 6 cariche negative. Nel "saldo elettronico" della molecola contribuiscono con un -6. Gli atomi di idrogeno tendono invece sempre a perdere l'elettrone che hanno e quindi incidono sul bilancio di cariche con un +3. La somma algebrica ci consente di calcolare il numero di ossidazione dell'atomo di cromo.

$$+3 \quad +3 \quad -6 \quad = \quad 0$$

Il numero di ossidazione del cromo nella molecola di idrossido di cromo è quindi +3.

Il perossido di sodio Na_2O_2 è una molecola neutra. I perossidi sono l'unica eccezione alla tendenza dell'atomo di ossigeno di attrarre 2 elettroni. In questo tipo di molecole l'atomo di ossigeno attrae un solo elettrone. Quindi nel Na_2O_2 l'ossigeno ha numero di ossidazione -1.

Passiamo a valutare il numero di ossidazione dei prodotti.

La molecola di anione cromato CrO_4^{-2} ha un "saldo elettronico" -2, il numero che compare in alto a destra. Contiene 4 atomi di ossigeno che trattengono 2 elettroni ciascuno dal tesoretto di legame, quindi contribuiscono al bilancio di cariche intramolecolare con un -8. Il numero di ossidazione dell'atomo di cromo è quindi l'incognita della somma algebrica:

$$(n.o.\ cromo) - 8 = -2$$

Si ricava che il numero di ossidazione dell'atomo di cromo nella molecola di CrO_4^{-2} è +6.

Il calcolo del numero di ossidazione del cromo è il risultato della somma algebrica:

$$+6\ -8\ =\ -2$$

L'atomo di cromo dell'anione cromato ha numero di ossidazione +6.

L'ossigeno compare tra i prodotti della reazione sotto forma di ossidrile **OH⁻**.

L'ossigeno segue la regola generale, ha un numero di ossidazione -2, d'altra parte calcolabile con la somma algebrica:

$$-2 \quad +1 \quad = \quad -1$$

2) **confronto dei numeri di ossidazione**

A questo punto osserviamo che l'atomo di cromo del reagente idrossido di cromo **Cr(OH)₃** è passato da un numero di ossidazione +3 ad un numero di ossidazione +6 del prodotto cromato **CrO₄⁻²**. Il numero è andato verso valori positivi, quindi l'atomo ha perso cariche negative, alias elettroni.

Ogni atomo di cromo ha perso 3 elettroni.

Chi ha ricevuto i 3 elettroni?

Come ben sappiamo gli elettroni e la materia non possono sparire e non possono spuntare dal nulla, quindi un atomo di un altro elemento deve averli presi.

L'attenzione non può che cadere sull'ossigeno.

L'atomo di ossigeno contenuto nella molecola di perossido di sodio **Na₂O₂** aveva numero di ossidazione -1 (eccezione alla regola). A seguito della redox l'ossigeno diventa parte di un ossidrile ed ha numero di ossidazione -2. Il numero di ossidazione si è spostato verso valori negativi, quindi l'ossigeno ha accolto elettroni.

Ogni atomo di ossigeno ha preso un elettrone. Visto che la molecola di perossido di sodio è composta da due atomi di ossigeno e che una molecola non può reagire coinvolgendo la metà dei suoi atomi, si deduce che saranno accettati dall'ossigeno del perossido gruppi di 2 elettroni per volta.

Se una molecola di sodio perossido accetta 2 elettroni per volta, 3 molecole accettano 6 elettroni (2 elettroni x 3 molecole).

Se un atomo di cromo cede 3 elettroni avremo che 2 atomi di cromo cedono 6 elettroni (3 elettroni x 2 atomi).

Quindi 3 molecole di Na_2O_2 reagiscono con 2 atomi di cromo.

Nel corso della redox i 6 elettroni ceduti dai 2 atomi di cromo sono accettati dall'ossigeno contenuto in 3 molecole di sodio perossido Na_2O_2.

La formula iniziale può quindi essere riscritta aggiungendo 2 davanti alla molecola del reagente $Cr(OH)_3$ e un 3 davanti alla molecola di Na_2O_2.

$2Cr(OH)_3$ + $3Na_2O_2$ = CrO_4^{-2} + OH^-

Dato che la materia non si crea e non scompare nel nulla anche dopo la reazione dovranno comparire 2 atomi di cromo tra i prodotti della reazione, quindi aggiungiamo un 2 davanti al simbolo del cromato CrO_4^{-2}.

2Cr(OH)$_3$ + 3Na$_2$O$_2$ = 2CrO$_4^{-2}$ + OH$^-$

Prima che la legge di Lavoisier ce lo ricordi, apportiamo un'aggiunta all'equazione chimica.

Tra i prodotti mancano i 6 atomi di sodio che appartenevano alle 3 molecole di perossido di sodio reagente.

Il sodio in soluzione acquosa è sempre presente come ione Na$^+$ (regola generale), quindi aggiungiamo ai prodotti 6Na$^+$.

La reazione riveduta è:

2Cr(OH)$_3$ + 3Na$_2$O$_2$ = 2CrO$_4^{-2}$ + OH$^-$ + 6Na$^+$

3) bilanciamento delle cariche

Il controllo successivo sulla reazione consiste nel tracciare il percorso compiuto dagli elettroni nello spostarsi dall'elemento del reagente che si è ossidato all'elemento del reagente che si è ridotto. Dobbiamo verificare che nessun elettrone sia sparito o spuntato dal nulla.

Utilizziamo il già noto esempio pratico: il bilancio familiare di una coppia di coniugi è composto dalla somma algebrica del saldo dei rispettivi conti correnti. Se il marito spendaccione ha un saldo negativo sul suo conto e la moglie risparmiatrice ha un saldo positivo sul proprio conto possiamo affermare che il saldo della famiglia nel suo complesso è la somma algebrica dei due saldi.

In una redox avviene una cosa analoga, la differenza consiste nel fatto che ci si esprime in termini di elettroni, di cariche negative.

La somma dei "saldi" elettronici delle molecole reagenti deve essere uguale alla somma dei "saldi" elettronici dei prodotti.

Passiamo alla pratica.

La molecola di idrossido di cromo **$Cr(OH)_3$** è neutra, quindi ha carica zero.

La molecola di perossido di sodio **Na_2O_2** è neutra, quindi ha carica zero.

I reagenti hanno un "saldo" di cariche pari a zero.

Passiamo al calcolo relativo ai prodotti.

La molecola di anione cromato **CrO_4^{-2}** ha 2 cariche negative, 2 molecole hanno 4 cariche negative (-4).

I 6 ioni di sodio apportano 6 cariche positive (+6).

Dobbiamo eguagliare il "saldo" di cariche dei reagenti (zero) a quello dei prodotti. L'operazione prevede una semplice somma algebrica tra le 6 cariche positive del sodio e le 4 cariche negative del cromato.

$$+6 \quad -4 \quad = +2$$

Mancano quindi 2 cariche negative per neutralizzare le 2 cariche positive in eccesso che risultano dalla somma algebrica appena fatta. Dobbiamo portare a zero la carica globale dei prodotti ed eguagliarla a quella dei reagenti.

La soluzione è già presente nell'equazione, è rappresentata dagli ioni ossidrile **OH⁻** che vanno aumentati a 2.

Aggiungiamo un 2 davanti al simbolo dello ione ossidrile **OH⁻**.

La reazione rivista è:

$$2Cr(OH)_3 + 3Na_2O_2 = 2CrO_4^{-2} + 2OH^- + 6Na^+$$

4) **bilanciamento delle masse**

La legge di Lavoisier ci fa notare che tra i prodotti mancano 2 atomi di ossigeno e 4 atomi di idrogeno.

Il calcolo è semplice: lato reagenti abbiamo 2 molecole di idrossido di cromo che contengono (2x3) =6 atomi di ossigeno, in aggiunta 3 molecole di perossido di sodio ne contengono altri 6 (**3Na$_2$O$_2$**), per un totale di 12 atomi di ossigeno. Sul versante dei prodotti abbiamo due molecole di cromato **2CrO$_4^-$**- con 8 ossigeni e due ossidrili **2OH$^-$** con 2 atomi di ossigeno, per un totale di 10 atomi di ossigeno. mancano 2 atomi di ossigeno tra i prodotti della redox.

Il calcolo degli idrogeni mancanti è immediato, 2 molecole di idrossido di cromo reagenti contengono (2x3) =6 atomi di idrogeno contro i due contenuti nei 2 ossidrili **2OH$^-$** sul lato prodotti. Mancano 4 atomi di idrogeno tra i prodotti.

La soluzione consiste nell'aggiungere acqua.

La reazione finale e bilanciata infine è:

2Cr(OH)$_3$ + 3Na$_2$O$_2$ = 2CrO$_4^{-2}$ + 2OH$^-$ + 6Na$^+$ + 2H$_2$O

La reazione da bilanciare è:

$$Cr_2O_7^{-2} + SO_3^{-2} = Cr^{+3} + SO_4^{-2}$$

Bilanciamento della reazione

Ambiente di reazione

Questa reazione avviene aggiungendo dell'acido solforico che non partecipa alla redox e quindi non viene menzionato, ricordiamo che gli atomi di idrogeno della molecola di H_2SO_4 cedono l'elettrone che hanno in dotazione, si trasformano in ioni H^+ liberi di vagare nella soluzione. Incontreremo questi ioni tra qualche pagina.

1) calcolo del numero di ossidazione

Valutiamo il numero di ossidazione dei reagenti.

La molecola di anione bicromato $Cr_2O_7^{-2}$ ha un "saldo" di cariche -2, il numero che compare in alto a destra della formula. Contiene 7 atomi di ossigeno, ogni atomo di ossigeno in una molecola tende ad attrarre 2 elettroni di legame e quindi 2 cariche negative. I 7 atomi di ossigeno nella molecola di bicromato quindi contribuiscono al "saldo" di cariche della molecola con un -14. Il numero di ossidazione dell'atomo di cromo è quindi l'incognita della somma algebrica:

$$(\text{n.o. cromo}) - 14 = -2$$

Si ricava che il numero di ossidazione di 2 atomi di cromo nella molecola di $Cr_2O_7^{-2}$ è +12.

Il numero di ossidazione per definizione si riferisce al singolo atomo, il numero di ossidazione del cromo nella molecola di $Cr_2O_7^{-2}$ è +6.

La molecola di anione solfito SO_3^{-2} ha un "saldo" di cariche -2, (numero in alto a destra). Contiene 3 atomi di ossigeno che attraggono 2 elettroni di legame ciascuno e contribuiscono al bilancio di cariche con un -6. Il numero di ossidazione dell'atomo di zolfo è quindi l'incognita della somma algebrica:

$$(\text{n.o. zolfo}) - 6 = -2$$

Si ricava che il numero di ossidazione dell'atomo di zolfo nella molecola di SO_3^{-2} è +4.

La somma algebrica ci consente di calcolare il numero di ossidazione dell'atomo di zolfo:

+4 -6 = -2

Passiamo a valutare il numero di ossidazione dei prodotti.

Il catione cromo Cr^{+3} ha numero di ossidazione +3 (numero in alto a destra).

L'anione solfato SO_4^{-2} ha un "saldo" elettronico -2, contiene 4 atomi di ossigeno che attirano 2 elettroni di legame ciascuno per un totale di 8 elettroni, quindi contribuisce con un -8 al bilancio di cariche in seno alla molecola. La somma algebrica dà per differenza il numero di ossidazione dell'atomo di zolfo:

+6 -8 =   -2

L'atomo di zolfo contenuto nella molecola di solfato SO_4^{-2} ha numero di ossidazione +6.

2) confronto dei numeri di ossidazione

A questo punto osserviamo che l'atomo di cromo è passato dal numero di ossidazione +6 del bicromato $Cr_2O_7^{-2}$ al numero di ossidazione +3 dello ione cromo Cr^{+3}. La sua carica positiva è diminuita, quindi la sua carica negativa è aumentata. Il cromo ha accettato 3 elettroni che hanno neutralizzato 3 cariche positive e portato il numero di ossidazione da +6 a +3..

Come ben sappiamo gli elettroni e la materia non possono sparire e non possono spuntare dal nulla, quindi un atomo di un altro elemento deve averli presi.

La provenienza dei 3 elettroni ci porta ad indagare su quanto è accaduto all'atomo di zolfo.

Lo zolfo è passato da un numero di ossidazione +4 del solfito SO_3^{-2} al numero di ossidazione +6 del solfato SO_4^{-2}. Il suo numero di ossidazione è diventato più positivo come dire che è diventato meno negativo, ha perso cariche negative cioè si è avuta perdita di elettroni.

Per bilanciare la reazione ci affidiamo alla solita proporzione: se 1 atomo di cromo accetta 3 elettroni, 2 atomi di cromo accettano (2 atomi x3 elettroni) 6 elettroni.

Se un atomo di zolfo cede 2 elettroni, 3 atomi di zolfo cedono (3 atomi x 2 elettroni) 6 elettroni.

I 6 elettroni accettati da 2 atomi di cromo provengono quindi da 3 atomi di zolfo.

Dovremmo aggiungere alla luce del ragionamento fatto un 2 davanti alla molecola del reagente bicromato, ma il nostro acuto spirito di osservazione ci evidenzia che la molecola $Cr_2O_7^{-2}$ ha già 2 atomi di cromo e quindi omettiamo l'aggiunta del 2.

Aggiungiamo invece senza problemi un 3 davanti alla molecola del solfito SO_3^{-2}.

La reazione rivista diventa:

$$Cr_2O_7^{-2} + 3SO_3^{-2} = Cr^{+3} + SO_4^{-2}$$

Dato che la materia non si crea e non scompare nel nulla anche dopo la reazione dovranno comparire tra i prodotti 2 atomi di cromo e 3 atomi di zolfo. Correggiamo l'equazione aggiungendo un 2 davanti allo ione cromo Cr^{+3} e un 3 davanti all'anione solfato SO_4^{-2}.

$$Cr_2O_7^{-2} + 3SO_3^{-2} = 2Cr^{+3} + 3SO_4^{-2}$$

3) bilanciamento delle cariche

Il controllo successivo sulla reazione consiste nel tracciare il percorso compiuto dagli elettroni nello spostarsi dall'elemento del reagente che si è ossidato all'elemento del reagente che si è ridotto. Dobbiamo verificare che nessun elettrone sia sparito o spuntato dal nulla.

Utilizziamo il già noto esempio pratico: il bilancio familiare di una coppia di coniugi è composto dalla somma algebrica del saldo dei rispettivi conti correnti. Se il marito spendaccione ha un saldo negativo sul suo conto e la moglie risparmiatrice ha un saldo positivo sul proprio conto possiamo affermare che il saldo della famiglia nel suo complesso è la somma algebrica dei due saldi.

In una redox avviene una cosa analoga, la differenza consiste nel fatto che ci si esprime in termini di elettroni, di cariche negative.

La somma dei "saldi" elettronici delle molecole reagenti deve essere uguale alla somma dei "saldi" elettronici dei prodotti.

Passiamo alla pratica.

La molecola di bicromato $Cr_2O_7^{-2}$ ha un "saldo" -2, vedi numero in alto a destra.

La molecola dell'anione solfito SO_3^{-2} ha un "saldo" molecolare -2, vedi sempre in alto a destra. I solfiti sono 3 quindi le cariche negative salgono a -6

Complessivamente i due reagenti hanno un bilancio di -8 derivante dalla somma algebrica (-2 -6).

Sul versante prodotti abbiamo il catione cromo Cr^{+3} con 3 cariche positive (+3), i Cr^{+3} sono 2 quindi la carica positiva sale a +6. L'anione solfato ha un "saldo" -2, vedi il solito posto, e dato che i solfati sono 3 il contributo di cariche di questi anioni sale a -6.

Complessivamente il bilancio di cariche dei prodotti è dato dalla somma algebrica:

$$+6 - 6 = 0$$

Le cariche presenti tra i reagenti sono:

$$-2 \ -6 = -8$$

I reagenti sembrano avere 8 cariche negative in più, si tratta di 8 elettroni ceduti da altrettanti atomi di idrogeno che a seguito della perdita dell'elettrone si sono trasformati in 8 idrogeno ioni H^+.

Il mistero è presto svelato, i responsabili sono stati 8 **idrogeno ioni dell'ambiente di reazione.**

La reazione corretta:

$$Cr_2O_7^{-2} + 3SO_3^{-2} + 8H^+ = 2Cr^{+3} + 3SO_4^{-2}$$

4) bilanciamento delle masse

La legge di Lavoisier ci fa notare che tra i prodotti mancano 8 atomi di idrogeno e 4 atomi di ossigeno.

La mancanza degli idrogeni è lampante, basta osservare che i reagenti hanno 8 H$^+$ e che tra i prodotti non c'è traccia di idrogeno.

Per quanto riguarda l'ossigeno, la molecola di bicromato $Cr_2O_7^{-2}$ ha 7 atomi di ossigeno, le 3 molecole di solfito 3 SO_3^{-2} ne hanno altri 9. I reagenti hanno in totale 7+9=16 atomi di ossigeno.

Tra i prodotti le 3 molecole di solfato $3SO_4^{-2}$ apportano 12 atomi di ossigeno.

La mancanza di idrogeno e di ossigeno tra i prodotti è compensata con la molecola ubiquitaria: l'acqua

Aggiungiamo 4 molecole di acqua e il bilanciamento è terminato.

$$Cr_2O_7^{-2} + 3SO_3^{-2} + 8H^+ = 2Cr^{+3} + 3SO_4^{-2} + 4H_2O$$

La reazione da bilanciare è:

$$Cr_2O_7^{-2} + Fe^{+2} = Cr^{+3} + Fe^{+3}$$

Bilanciamento della reazione

Ambiente di reazione

Questa reazione avviene aggiungendo dell'acido solforico che non partecipa alla redox e quindi non viene menzionato, ricordiamo che gli atomi di idrogeno della molecola di H_2SO_4 cedono l'elettrone che hanno in dotazione, si trasformano in ioni H^+ liberi di vagare nella soluzione. Incontreremo questi ioni tra qualche pagina.

1) calcolo del numero di ossidazione

Valutiamo il numero di ossidazione dei reagenti.

La molecola di anione bicromato $Cr_2O_7^{-2}$ ha un "saldo" di cariche -2, il numero che compare in alto a destra della formula. Contiene 7 atomi di ossigeno, ogni atomo di ossigeno in una molecola tende ad attrarre 2 elettroni di legame e quindi 2 cariche negative. I 7 atomi di ossigeno nella molecola di bicromato quindi contribuiscono al "saldo" di cariche della molecola con un -14. Inserendo i dati che abbiamo in una somma algebrica ricaviamo il numero di ossidazione dell'atomo di cromo:

+12 -14 = -2

Il membro +12 si riferisce a 2 atomi di cromo. Il numero di ossidazione si riferisce sempre al singolo atomo quindi dividiamo 12 per 2. L'atomo di cromo nella molecola di anione bicromato ha numero di ossidazione +6.

Il catione di ferro Fe^{+2} ha numero di ossidazione +2 (numero in alto a destra).

Passiamo a valutare il numero di ossidazione dei prodotti.

Il catione cromo Cr^{+3} ha numero di ossidazione +3 (numero in alto a destra).

Il catione di ferro Fe^{+3} ha numero di ossidazione +3 (numero in alto a destra).

2) confronto dei numeri di ossidazione

A questo punto osserviamo che l'atomo di cromo è passato da un numero di ossidazione +6 del bicromato $Cr_2O_7^{-2}$ ad un numero di ossidazione +3 del catione cromo Cr^{+3}. Il numero di ossidazione è diventato meno positivo, alias più negativo, ha acquistato cariche negative di elettroni.

Il Ferro è passato da un numero di ossidazione +2 del catione reagente Fe^{+2} ad un numero di ossidazione +3 del catione prodotto Fe^{+3}. Il numero di ossidazione è diventato più positivo, quindi meno negativo perché un atomo di ferro ha perso un elettrone.

Se un atomo di cromo acquista 3 elettroni e un atomo di ferro ne cede uno saranno necessari 3 atomi di ferro per soddisfare l'esigenza in un atomo di cromo.

Saremmo tentati di aggiungere pertanto un 3 davanti al reagente Fe^{+2} ma osservando la molecola del bicromato ci accorgiamo che contiene 2 atomi di cromo $Cr_2O_7^{-2}$.

La proporzione precedente di conseguenza va fatta per il doppio.

Se 2 atomi di cromo acquistano 6 elettroni e un atomo di ferro ne cede uno saranno necessari 6 atomi di ferro per soddisfare l'esigenza di 2 atomi di cromo.

Il passaggio che segue indurrebbe erroneamente ad aggiungere un 2 davanti alla molecola di bicromato $Cr_2O_7^{-2}$, ma visto che ha già 2 atomi di cromo omettiamo la modifica.

Aggiungiamo invece senza problemi un 6 davanti al ferro reagente Fe^{+2}.

L'equazione rivista è:

$$Cr_2O_7^{-2} + 6Fe^{+2} = Cr^{+3} + Fe^{+3}$$

Dato che la materia non si crea e non scompare nel nulla anche dopo la reazione dovranno comparire sul versante dei prodotti 2 atomi di cromo e 6 atomi di ferro. Aggiungiamo quindi un 2 davanti al Cr^{+3} e un 6 davanti al Fe^{+3}.

$$Cr_2O_7^{-2} + 6Fe^{+2} = 2Cr^{+3} + 6Fe^{+3}$$

3) bilanciamento delle cariche

Il controllo successivo sulla reazione consiste nel tracciare il percorso compiuto dagli elettroni nello spostarsi dall'elemento del reagente che si è ossidato all'elemento del reagente che si è ridotto. Dobbiamo verificare che nessun elettrone sia sparito o spuntato dal nulla.

Utilizziamo il già noto esempio pratico: il bilancio familiare di una coppia di coniugi è composto dalla somma algebrica del saldo dei rispettivi conti correnti. Se il marito spendaccione ha un saldo negativo sul suo conto e la moglie risparmiatrice ha un saldo positivo sul proprio conto possiamo affermare che il saldo della famiglia nel suo complesso è la somma algebrica dei due saldi.

In una redox avviene una cosa analoga, la differenza consiste nel fatto che ci si esprime in termini di elettroni, di cariche negative.

La somma dei "saldi" elettronici delle molecole reagenti deve essere uguale alla somma dei "saldi" elettronici dei prodotti.

Passiamo alla pratica.

Lato reagenti.

La molecola di bicromato $Cr_2O_7^{-2}$ ha due cariche negative.

Sei ioni ferro Fe^{+2} apportano 12 cariche positive (6 atomi x 2 cariche positive).

Il "saldo" di cariche dei reagenti è dato dalla somma algebrica:

-2 +12 = +10

Lato prodotti.

I due cationi cromo $2Cr^{+3}$ apportano 3 cariche positive ciascuno per un totale di +6.

I sei cationi di ferro **6Fe^{+3}** apportano (3x6) 18 cariche positive (+18).

Il bilancio di cariche dei prodotti è dato dalla somma algebrica:

+6 +18 =   +24

Mancano quindi 14 cariche positive ai reagenti.

Il mistero è presto svelato, i responsabili sono 14 **idrogeno ioni dell'ambiente di reazione.**

La reazione riveduta è:

$Cr_2O_7^{-2}$ +   6Fe^{+2} +   14H$^+$ = 2Cr^{+3} +   6Fe^{+3}

4) bilanciamento delle masse

La legge di Lavoisier ci fa notare che mancano 14 atomi di idrogeno e 7 atomi di ossigeno ai prodotti

La mancanza degli idrogeni è lampante, basta osservare che i reagenti hanno 14 H$^+$ e che tra i prodotti non c'è traccia di idrogeno.

Per quanto riguarda l'ossigeno, la molecola del reagente bicromato $Cr_2O_7^{-2}$ ha 7 atomi di ossigeno che non compaiono tra i prodotti.

La soluzione è la formazione di acqua durante la reazione. Si sono aggiunte 7 molecole di acqua ai prodotti.

La reazione finale e bilanciata infine è:

$$Cr_2O_7^{-2} + 6Fe^{+2} + 14H^+ = 2Cr^{+3} + 6Fe^{+3} + 7H_2O$$

La reazione da bilanciare è:

$MnO_4^- + H_2O_2 = Mn^{+2} + O_2$

Bilanciamento della reazione

Ambiente di reazione

Questa reazione avviene aggiungendo dell'acido solforico che non partecipa alla redox e quindi non viene menzionato, ricordiamo che gli atomi di idrogeno della molecola di H_2SO_4 cedono l'elettrone che hanno in dotazione, si trasformano in ioni H^+ liberi di vagare nella soluzione. Incontreremo questi ioni tra qualche pagina.

1) calcolo del numero di ossidazione

Valutiamo il numero di ossidazione dei reagenti.

L'anione permanganato MnO_4^- ha una carica negativa (numero in alto a destra). Ha 4 atomi di ossigeno che tendono ad attrarre ciascuno 2 elettroni di legame e quindi contribuiscono al "saldo" di cariche intramolecolare con un -8 (-2 x 4). La somma algebrica dei suddetti valori ci consente di calcolare il numero di ossidazione dell'atomo di manganese:

+7 -8 = -1

Il numero di ossidazione del manganese nella molecola di permanganato è +7.

L'acqua ossigenata o perossido di idrogeno H_2O_2 ha 2 atomi di idrogeno che tendono a cedere un elettrone ciascuno e quindi apportano un +2 al bilancio delle cariche in seno alla molecola. L'ossigeno del H_2O_2 rappresenta l'eccezione all'usuale comportamento dell'ossigeno che tende ad attrarre 2 elettroni. Nell'acqua ossigenata un atomo di ossigeno attrae un solo elettrone e quindi ha numero di ossidazione -1.

L'ossigeno nella molecola del perossido di idrogeno H_2O_2 ha numero di ossidazione -1.

Passiamo a valutare il numero di ossidazione dei prodotti.

Il catione manganese Mn^{+2} ha numero di ossidazione +2 (numero in alto a destra).

L'ossigeno O_2 è in forma molecolare e quindi numero di ossidazione zero.

2) **confronto dei numeri di ossidazione**

A questo punto osserviamo che l'atomo di manganese è passato da un numero di ossidazione +7 nel permanganato MnO_4^- ad un numero di ossidazione +2 dello ione manganese Mn^{+2}. Il suo numero di ossidazione è meno "positivo", quindi più negativo per la ricezione di elettroni. Ogni atomo di manganese ha acquistato nel corso della redox 5 elettroni.

L'atomo di ossigeno è passato da -1 del reagente perossido di idrogeno H_2O_2 a zero della molecola di ossigeno O_2.

Ogni atomo di ossigeno perde 1 elettrone.

Considerato che la molecola di H_2O_2 ha 2 atomi di ossigeno e una molecola non può dimezzarsi per reagire, rivediamo l'affermazione: ogni molecola di H_2O_2 perde 2 elettroni.

Se un atomo di manganese acquista 5 elettroni, 2 atomi di manganese acquistano 10 elettroni.

Se una molecola di H_2O_2 cede 2 elettroni, 5 molecole di H_2O_2 cedono 10 elettroni.

Pertanto i 10 elettroni ceduti da 2 molecole di H_2O_2 sono acquistati da 5 atomi di manganese.

Il ragionamento ci induce ad aggiungere un 2 davanti al reagente permanganato MnO_4^- e un 5 davanti alla molecola di perossido di idrogeno H_2O_2.

L'equazione rivista è:

$$2MnO_4^- + 5H_2O_2 = Mn^{+2} + O_2$$

Dato che la materia non si crea e non scompare nel nulla anche dopo la reazione dovranno comparire tra i prodotti della reazione 2 atomi di manganese e 10 atomi di ossigeno. Aggiungiamo un 2 davanti al simbolo dello ione manganese Mn^{+2} e un 5 davanti alla molecola di ossigeno O_2.

$$2MnO_4^- + 5H_2O_2 = 2Mn^{+2} + 5O_2$$

3) bilanciamento delle cariche

Il controllo successivo sulla reazione consiste nel tracciare il percorso compiuto dagli elettroni nello spostarsi dall'elemento del reagente che si è ossidato all'elemento del reagente che si è ridotto. Dobbiamo verificare che nessun elettrone sia sparito o spuntato dal nulla.

Utilizziamo il già noto esempio pratico: il bilancio familiare di una coppia di coniugi è composto dalla somma algebrica del saldo dei rispettivi conti correnti. Se il marito spendaccione ha un saldo negativo sul suo conto e la moglie risparmiatrice ha un saldo positivo sul proprio conto possiamo affermare che il saldo della famiglia nel suo complesso è la somma algebrica dei due saldi.

In una redox avviene una cosa analoga, la differenza consiste nel fatto che ci si esprime in termini di elettroni, di cariche negative.

La somma dei "saldi" elettronici delle molecole reagenti deve essere uguale alla somma dei "saldi" elettronici dei prodotti.

Passiamo alla pratica.

Lato reagenti.

Due anioni permanganato apportano al bilancio delle cariche 2 cariche negative $2MnO_4^-$. (-2)

La molecola di H_2O_2 è neutra. (0)

La somma delle cariche dei reagenti è quindi -2.

-2 +0 = -2

Passiamo al calcolo relativo ai prodotti.

Due cationi manganese apportano 4 cariche positive $2Mn^{+2}$(+4).

Le molecole di ossigeno sono neutre $5O_2$.

La somma delle cariche dei prodotti è +4.

+4 +0 = +4

Dal confronto risalta che i reagenti hanno 6 cariche negative in più rispetto ai prodotti. Quindi devono esserci 6 cariche positive tra i reagenti nascoste da qualche parte.

Il calcolo è dato dalla somma algebrica:

-2(reagenti) +6(cariche positive incognite) = +4(prodotti)

Il mistero è presto svelato, i responsabili sono 6 idrogeno ioni dell'ambiente di reazione.

La reazione riveduta è:

$$2MnO_4^- + 5H_2O_2 + 6H^+ = 2Mn^{+2} + 5O_2$$

4) bilanciamento delle masse

La legge di Lavoisier ci fa notare che dei 18 atomi di ossigeno dei reagenti compaiono solo 10 tra i prodotti.

Il calcolo è semplice: 2 molecole di permanganato $2MnO_4^-$ hanno 8 atomi di ossigeno, 5 molecole di perossido $5H_2O_2$ hanno 10 atomi di ossigeno per un totale di 18 atomi di ossigeno.

Tra i prodotti compaiono 5 molecole di ossigeno $5O_2$ che totalizzano 10 atomi di ossigeno.

Mancano all'appello 8 atomi di ossigeno.

Inoltre, 5 molecole di perossido $5H_2O_2$ hanno 10 atomi di idrogeno che sommati ai 6 idrogeno ioni appena aggiunti diventano 16.

Tra i prodotti non compare nessun atomo di idrogeno.

La soluzione provvidenziale si chiama acqua.

La reazione finale e bilanciata infine è:

$2MnO_4^- + 5H_2O_2 + 6H^+ = 2Mn^{+2} + 5O_2 + 8H_2O$

La reazione da bilanciare è:

$$Co^{+2} + ClO_3^- = Co_2O_3 + Cl^-$$

Bilanciamento della reazione

Ambiente di reazione

Questa reazione avviene aggiungendo dell'idrossido di sodio KOH che non partecipa alla redox e quindi non viene menzionato, ricordiamo solo che libera ossidrili OH⁻ nella soluzione. Incontreremo questi ioni OH ⁻ tra qualche pagina.

1) calcolo del numero di ossidazione

Valutiamo il numero di ossidazione dei reagenti.

Lo ione cobalto ha numero di ossidazione +2, vedi numero in alto a destra.

L'anione clorato ClO_3^- ha un "saldo" di cariche molecolare -1, (numero in alto a destra della molecola). Contiene 3 atomi di ossigeno che tendono ad attrarre ciascuno 2 elettroni di legame, Attirano 2 cariche negative per atomo. Tre atomi di ossigeno attirano 6 elettroni e contribuiscono al saldo di cariche della molecola con un -6. Il calcolo del numero di ossidazione dell'atomo di cloro nella molecola del clorato prevede la somma algebrica dei dati noti:

$$+5 - 6 = -1$$

Il numero di ossidazione dell'atomo di cloro nella molecola di clorato ClO_3^- e +5.

Passiamo a valutare il numero di ossidazione dei prodotti.

La molecola di ossido di cobalto è neutra, non ha cariche evidenziate in alto a destra della formula. Contiene 3 atomi di ossigeno che attirano 2 elettroni di legame ciascuno. Apportano quindi una carica -6 al bilancio della molecola. Il numero di ossidazione del cobalto si ricava dalla somma algebrica:

$$+6 \quad -6 = 0$$

Lo stato di ossidazione dei 2 atomi di cobalto della molecola di ossido Co_2O_3 è +6. Il numero di ossidazione per definizione si riferisce ad un solo atomo e quindi per un atomo di cobalto è +3.

L'anione cloruro Cl^- ha numero di ossidazione -1.

2) confronto dei numeri di ossidazione

A questo punto osserviamo che l'atomo di cobalto è passato da un numero di ossidazione +2 del catione Co^{+2} al numero di ossidazione +3 dell'ossido Co_2O_3. Il segno positivo è aumentato, quindi è diventato meno negativo, ha perso un elettrone.

L'atomo di cloro è passato da un numero di ossidazione +5 del clorato ClO_3^- al numero di ossidazione -1 del cloruro Cl^-. E' passato ad una maggiore negatività di carica quindi ha accettato elettroni. L'atomo di cloro ha accettato 6 elettroni.

Se un atomo di cobalto perde un elettrone ci vogliono 6 atomi di cobalto per soddisfare la richiesta di 6 elettroni accettati da un atomo di cloro. Il bilanciamento dell'equazione prevede l'aggiunta di un 6 davanti al reagente Co^{+2}.

$$6Co^{+2} + ClO_3^- = Co_2O_3 + Cl^-$$

Dato che la materia non si crea e non scompare nel nulla anche dopo la reazione dovranno comparire 6 atomi di cobalto tra i prodotti. Saremmo tentati distrattamente di aggiungere un 6 davanti alla molecola di ossido Co_2O_3, ma un attento esame ci mostra che la molecola contiene 2 atomi di cobalto e quindi per totalizzare 6 atomi basta anteporre un 3.

L'equazione diventa:

$$6Co^{+2} + ClO_3^- = 3Co_2O_3 + Cl^-$$

3) bilanciamento delle cariche

Il controllo successivo sulla reazione consiste nel tracciare il percorso compiuto dagli elettroni nello spostarsi dall'elemento del reagente che si è ossidato all'elemento del reagente che si è ridotto. Dobbiamo verificare che nessun elettrone sia sparito o spuntato dal nulla.

Utilizziamo il già noto esempio pratico: il bilancio familiare di una coppia di coniugi è composto dalla somma algebrica del saldo dei rispettivi conti correnti. Se il marito spendaccione ha un saldo negativo sul suo conto e la moglie risparmiatrice ha un saldo positivo sul proprio conto possiamo affermare che il saldo della famiglia nel suo complesso è la somma algebrica dei due saldi.

In una redox avviene una cosa analoga, la differenza consiste nel fatto che ci si esprime in termini di elettroni, di cariche negative.

La somma dei "saldi" elettronici delle molecole reagenti deve essere uguale alla somma dei "saldi" elettronici dei prodotti.

Passiamo alla pratica.

Sei cationi cobalto Co^{+2} apportano 12 cariche positive (6 atomi x 2 cariche).

L'anione clorato **ClO₃⁻** apporta una carica negativa.

La somma delle cariche dei reagenti è: +12 −1 = +11

Passiamo al calcolo relativo ai prodotti.

Le 3 molecole di ossido di cobalto **3Co₂O₃** sono neutre quindi non apportano cariche.

L'anione cloruro **Cl⁻** apporta una carica negativa.

I prodotti della redox hanno un bilancio di carica pari a −1.

L'obbiettivo è di eguagliare il bilancio di cariche dei reagenti a quello dei prodotti, −1.

Per portare il bilancio di carica dei reagenti a −1 mancherebbero all'appello 12 cariche negative da sottrarre algebricamente alle 11 positive esistenti.

Ricompaiono gli ossidrili anticipati al punto:

Ambiente di reazione

La reazione riveduta è:

6Co⁺² + ClO₃⁻ + 12OH⁻ = 3Co₂O₃ + Cl⁻

4) bilanciamento delle masse

La legge di Lavoisier ci fa notare che mancano all'appello tra i prodotti 12 atomi di idrogeno e 6 atomi di ossigeno. Il calcolo è semplice: la molecola di clorato **ClO₃⁻** ha 3 atomi di ossigeno che sommati ai 12 dei rispettivi ossidrili **12OH⁻** salgono a 15. I reagenti hanno 15 atomi di ossigeno. Sul versante prodotti 3 molecole di ossido di cobalto **3Co₂O₃** contengono 9 atomi di ossigeno. La differenza tra il numero di atomi di ossigeno dei reagenti e quello dei prodotti è 6.

Inoltre i 12 ossidrili **12OH⁻** hanno 12 atomi di idrogeno che non compaiono tra i prodotti.

La soluzione è data dalla formazione di acqua nel corso della redox.

La reazione finale e bilanciata infine è:

6Co⁺² + ClO₃⁻ + 12OH⁻ = 3Co₂O₃ + Cl⁻ + 6H₂O

La reazione da bilanciare è:

NO_3^- + I_2 = IO_3^- + NO

Bilanciamento della reazione

Ambiente di reazione

Questa reazione avviene aggiungendo dell'acido nitrico, ricordiamo che gli atomi di idrogeno delle molecole di HNO_3 cedono l'elettrone che hanno in dotazione, si trasformano in ioni H^+ liberi di vagare nella soluzione. Incontreremo questi ioni tra qualche pagina.

1) calcolo del numero di ossidazione

Valutiamo il numero di ossidazione dei reagenti.

L'anione nitrato **NO_3^-** ha un "saldo" di carica -1, numero in alto a destra. Ha 2 atomi di ossigeno che tendono ad attrarre ciascuno 2 elettroni di legame (-2) totalizzando su se stessi una carica -6. Il numero di ossidazione dell'atomo di azoto è quindi l'incognita della somma somma algebrica:

$$(\text{n.o azoto}) - 6 = -1$$

Si ricava che il numero di ossidazione dell'azoto nella molecola di nitrato è +5.

Passiamo a valutare il numero di ossidazione dei prodotti.

Lo iodio I_2 è allo stato molecolare e quindi ha numero di ossidazione zero.

La molecola di iodato IO_3^- ha in "saldo" di carica -1, numero in alto a destra. Ha 3 atomi di ossigeno che tendono ad attrarre ciascuno 2 elettroni di legame (-2) totalizzando su se stessi una carica -6. Il numero di ossidazione dell'atomo di iodio è quindi l'incognita della somma somma algebrica:

$$(\text{n.o iodio}) - 6 = -1$$

Si ricava che il numero di ossidazione dello iodio nella molecola di iodato è +5.

La molecola di ossido di azoto **NO** è neutra, ha 1 atomo di ossigeno che tendo ad attrarre 2 elettroni di legame (-2). Il numero di ossidazione dell'atomo di azoto è quindi l'incognita della somma somma algebrica:

$$(\text{n.o azoto}) - 2 = 0$$

Si ricava che il numero di ossidazione dello iodio nella molecola di iodato è +2.

2) confronto dei numeri di ossidazione

A questo punto osserviamo che l'atomo di azoto è passato da numero di ossidazione +5 del nitrato NO_3^- al numero di ossidazione +2 dell'ossido di azoto NO. La variazione è una diminuzione di carica positiva, alias un aumento di carica negativa dovuta all'acquisto di elettroni. L'atomo di azoto ha ricevuto 3 elettroni.

Chi ha dato i 3 elettroni?

L'attenzione non può che cadere sull'atomo di iodio che è passato da un numero di ossidazione zero della molecola di iodio I_2 al numero di ossidazione +5 dello iodato IO_3^-. Il suo numero di ossidazione ha incrementato la carica positiva cioè ha diminuito la carica negativa perché ha perso 5 elettroni.

Se 1 atomo di azoto riceve 3 elettroni, 5 atomi di azoto ricevono 15 elettroni.

Se un atomo di iodio perde 5 elettroni, 3 atomi di iodio perdono 15 elettroni.

Il passo successivo verso il bilanciamento della reazione sarebbe di aggiungere un 5 davanti alla molecola del nitrato NO_3^- e un 3 davanti alla molecola di iodio, ma, ci accorgiamo che la molecola di iodio è biatomica I_2. Le molecole non possono reagire con la metà degli atomi di cui sono costituite quindi potremmo anteporre al simbolo I_2 il numero 1,5. Purtroppo nel bilanciamento delle equazioni chimiche non sono ammessi numeri con la virgola, siamo costretti quindi ad anteporre 3 alla molecola di iodio I_2 per un totale di 6 atomi di iodio.

La proporzione rivista diventa:

Se un atomo di iodio perde 5 elettroni, 6 atomi di iodio perdono 30 elettroni.

Se 1 atomo di azoto riceve 3 elettroni, 10 atomi di azoto ricevono 30 elettroni.

Per bilanciare la reazione aggiungiamo un 10 davanti alla molecola reagente di nitrato NO_3^- e un 3 davanti al simbolo dello iodio I_2.

$$10NO_3^- + 3I_2 = IO_3^- + NO$$

Dato che la materia non si crea e non scompare nel nulla anche dopo la reazione dovranno comparire 6 atomi di iodio e 10 atomi di azoto. Aggiungiamo un 6 davanti alla molecola di iodato $6IO_3^-$ e un 10 davanti alla molecola di monossido di azoto $10NO$.

$$10NO_3^- + 3I_2 = 6IO_3^- + 10NO$$

3) bilanciamento delle cariche

Il controllo successivo sulla reazione consiste nel tracciare il percorso compiuto dagli elettroni nello spostarsi dall'elemento del reagente che si è ossidato all'elemento del reagente che si è ridotto. Dobbiamo verificare che nessun elettrone sia sparito o spuntato dal nulla.

Utilizziamo il già noto esempio pratico: il bilancio familiare di una coppia di coniugi è composto dalla somma algebrica del saldo dei rispettivi conti correnti. Se il marito spendaccione ha un saldo negativo sul suo conto e la moglie risparmiatrice ha un saldo positivo sul proprio conto possiamo affermare che il saldo della famiglia nel suo complesso è la somma algebrica dei due saldi.

In una redox avviene una cosa analoga, la differenza consiste nel fatto che ci si esprime in termini di elettroni, di cariche negative.

La somma dei "saldi" elettronici delle molecole reagenti deve essere uguale alla somma dei "saldi" elettronici dei prodotti.

Passiamo alla pratica.

Lato reagenti.

Dieci anioni nitrato apportano 10 cariche negative, **10NO$_3^-$**

Le tre molecole di iodio sono neutre, carica zero, **3I$_2$**

Le cariche presenti tra i reagenti sono:

$$-10 \quad + \quad 0 \quad = \quad -10$$

Passiamo al calcolo relativo ai prodotti.

Sei molecole di iodato apportano 6 cariche negative **6IO$_3^-$**.

Le molecole di ossido di azoto sono neutre, **10NO**.

Le cariche presenti tra i prodotti sono:

$$-6 \ + \ 0 \ = \ -6$$

I reagenti hanno 4 cariche negative in eccesso, entrano in scena gli idrogeno ioni dell'ambiente di reazione e le cariche per incanto si bilanciano.

La reazione riveduta è:

10NO$_3^-$ + 3I$_2$ + 4H$^+$ = 6IO$_3^-$ + 10NO

4) bilanciamento delle masse

La legge di Lavoisier ci fa notare che mancano tra i prodotti 2 atomi di ossigeno e 4 atomi di idrogeno. Il calcolo è semplice: dieci molecole del reagente nitrato contengono 30 atomi di ossigeno $10NO_3^-$. Le sei molecole di iodato $6IO_3^-$ prodotto contengono 18 che aggiunti ai 10 contenuti nelle dieci molecole di ossido di azoto **10NO** totalizzano 28 atomi di ossigeno.

I 4 idrogeno ioni appena aggiunti sono assenti tra i prodotti.

La soluzione, inutile dirlo, è l'acqua che si forma in questa e in tante altre redox.

La reazione finale e bilanciata infine è:

$$10NO_3^- + 3I_2 + 4H^+ = 6IO_3^- + 10NO + 2H_2O$$

La reazione da bilanciare è:

$$MnO_4^- + SO_3^{-2} = MnO_2 + SO_4^{-2}$$

Bilanciamento della reazione

Ambiente di reazione

La reazione avviene con la straordinaria partecipazione di una molecola di acqua. La sua comparsa avverrà tra qualche pagina.

1) calcolo del numero di ossidazione

Valutiamo il numero di ossidazione dei reagenti.

La molecola di permanganato MnO_4^- ha un "saldo" di cariche -1, numero in alto a destra, ha 4 atomi di ossigeno che tendono ad attrarre ciascuno 2 elettroni di legame (-2) totalizzando su se stessi una carica -8. Il numero di ossidazione dell'atomo di manganese è quindi l'incognita della somma somma algebrica:

$$(\text{n.o manganese}) - 8 = -1$$

Si ricava che il numero di ossidazione del manganese nella molecola di permanganato è +7.

La molecola di solfito SO_3^{-2} ha un "saldo" di carica -2, numero in alto a destra. Ha 3 atomi di ossigeno che tendono ad attrarre ciascuno 2 elettroni di legame (-2) totalizzando su se stessi una carica -6. Il numero di ossidazione dell'atomo di zolfo è quindi l'incognita della somma somma algebrica:

$$(n.o.\ zolfo) -6 = -2$$

Si ricava che il numero di ossidazione dell'atomo di zolfo nella molecola di solfito è +4.

Passiamo a valutare il numero di ossidazione dei prodotti.

La molecola di biossido di manganese MnO_2 ha un "saldo" di carica zero, nessun numero in alto a destra. Ha 2 atomi di ossigeno che tendono ad attrarre ciascuno 2 elettroni di legame (-2) totalizzando su se stessi una carica -4. Il numero di ossidazione dell'atomo di manganese è quindi l'incognita della somma somma algebrica:

$$(n.o.\ manganese) -4 = 0$$

Si ricava che il numero di ossidazione dell'atomo di manganese nella molecola di biossido di manganese è +4.

La molecola di solfato SO_4^{-2} ha un "saldo" di carica -2, numero in alto a destra. Ha 4 atomi di ossigeno che tendono ad attrarre ciascuno 2 elettroni di legame (-2) totalizzando su se stessi una carica -8. Il numero di ossidazione dell'atomo di zolfo è quindi l'incognita della somma somma algebrica:

(n.o. zolfo) $-8 = -2$

Si ricava che il numero di ossidazione dell'atomo di zolfo nella molecola di solfato è +6.

2) confronto dei numeri di ossidazione

L'atomo di manganese è passato da numero di ossidazione +7 del permanganato **MnO_4^-** al numero di ossidazione +4 del biossido di manganese **MnO_2**. La variazione è una diminuzione di carica positiva, alias un aumento di carica negativa dovuta all'acquisto di elettroni. L'atomo di manganese ha ricevuto 3 elettroni.

Chi ha donato i 3 elettroni?

L'atomo di zolfo è passato da numero di ossidazione +4 del solfito SO_3^- al numero di ossidazione +6 del solfato SO_4^{-2}. La variazione è un aumento di carica positiva, alias una diminuzione di carica negativa dovuta alla perdita di elettroni. L'atomo di zolfo ha perduto 2 elettroni.

Se un atomo di manganese riceve 3 elettroni, 2 atomi di manganese ricevono 6 elettroni.

Se un atomo di zolfo perde 3 elettroni, 2 atomi di zolfo perdono 6 elettroni.

Il passo successivo al fine di bilanciare la reazione è aggiungere un 2 davanti alla molecola del reagente permanganato MnO_4^- e un 3 davanti alla molecola del reagente solfito SO_3^-

$$2MnO_4^- + 3SO_3^{-2} = MnO_2 + SO_4^{-2}$$

Dato che la materia non si crea e non scompare nel nulla anche dopo la reazione dovranno comparire 2 atomi di manganese e 3 atomi di zolfo tra i reagenti. Aggiungiamo un 2 davanti alla molecola del biossido di manganese MnO_2 e un 3 davanti alla molecola del solfato SO_4^{-2}.

L'equazione diventa:

$$2MnO_4^- + 3SO_3^{-2} = 2MnO_2 + 3SO_4^{-2}$$

3) bilanciamento delle cariche

Il controllo successivo sulla reazione consiste nel tracciare il percorso compiuto dagli elettroni nello spostarsi dall'elemento del reagente che si è ossidato all'elemento del reagente che si è ridotto. Dobbiamo verificare che nessun elettrone sia sparito o spuntato dal nulla.

Utilizziamo il già noto esempio pratico: il bilancio familiare di una coppia di coniugi è composto dalla somma algebrica del saldo dei rispettivi conti correnti. Se il marito spendaccione ha un saldo negativo sul suo conto e la moglie risparmiatrice ha un saldo positivo sul proprio conto possiamo affermare che il saldo della famiglia nel suo complesso è la somma algebrica dei due saldi.

In una redox avviene una cosa analoga, la differenza consiste nel fatto che ci si esprime in termini di elettroni, di cariche negative.

La somma dei "saldi" elettronici delle molecole reagenti deve essere uguale alla somma dei "saldi" elettronici dei prodotti.

Passiamo alla pratica.

Le due molecole di permanganato $2MnO_4^-$ apportano 2 cariche negative (-2).

Le 3 molecole di solfito $3SO_3^{-2}$ apportano 6 cariche negative (-6)

Le cariche presenti dei reagenti sono:

$$-2 \quad -6 = -8$$

Passiamo al calcolo relativo ai prodotti.

La molecola di biossido di manganese MnO_2 è neutra.

Le 3 molecole di solfato $3SO_4^{-2}$ apportano 6 cariche negative (-6).

Le cariche presenti dei prodotti sono:

$$0 \quad -6 = -6$$

Mancano 2 cariche negative ai prodotti

La soluzione in questo caso è la formazione di gruppi ossidrili OH^-. *Lo zampino della molecola di acqua del punto (0).

La reazione rivista:

$2MnO_4^- + 3SO_3^{-2} = 2MnO_2 + 3SO_4^{-2} + 2OH^-$

4) **bilanciamento delle masse**

La legge di Lavoisier ci fa notare che i prodotti hanno 2 atomi di idrogeno e 1 atomo di ossigeno in più. La somma e il confronto è a carico del lettore che a questo punto sarà diventato esperto.

La materia non si crea dal nulla.

Gli atomi mancanti derivano dalla silenziosa molecola di acqua (vedi ambiente di reazione).

La reazione finale e bilanciata infine è:

$2MnO_4^- + 3SO_3^{-2} + H_2O = 2MnO_2 + 3SO_4^{-2} + 2OH^-$

La reazione da bilanciare è:

$$MnO_4^- + Sn^{+2} = Mn^{+2} + Sn^{+4}$$

Bilanciamento della reazione

Ambiente di reazione

Questa reazione avviene aggiungendo dell'acido cloridrico, ricordiamo che gli atomi di idrogeno delle molecole di HCl cedono l'elettrone che hanno in dotazione, si trasformano in ioni H^+ liberi di vagare nella soluzione. Incontreremo questi ioni tra qualche pagina.

1) calcolo del numero di ossidazione

Valutiamo il numero di ossidazione dei reagenti.

La molecola di permanganato MnO_4^- ha un "saldo" di carica -1, numero in alto a destra. Ha 4 atomi di ossigeno che tendono ad attrarre ciascuno 2 elettroni di legame (-2) totalizzando su se stessi una carica -8. Il numero di ossidazione dell'atomo di manganese è quindi l'incognita della somma somma algebrica:

$$(\text{n.o. manganese}) - 8 = -1$$

Si ricava che il numero di ossidazione del manganese nella molecola di parmanganato **MnO$_4^-$** è +7.

Il numero di ossidazione del catione stagno **Sn^{+2}** è +2, numero in alto a destra.

Passiamo a valutare il numero di ossidazione dei prodotti.

Si ricava che il numero di ossidazione del catione manganese **Mn^{+2}**, numero in alto a destra.

Il numero di ossidazione del catione stagno stagno **Sn^{+4}** è +4, numero in alto a destra.

2) confronto dei numeri di ossidazione

A questo punto osserviamo che l'atomo manganese è passato dal numero di ossidazione +7 del permanganato **MnO$_4^-$** al numero di ossidazione +2 dello ione manganese **Mn^{+2}**. La variazione è una diminuzione di carica positiva, alias un aumento di carica negativa dovuta all'acquisto di elettroni. L'atomo di manganese ha ricevuto 5 elettroni.

L'atomo di stagno è passato da numero di ossidazione +2 dello **Sn^{+2}** al numero di ossidazione +4 dello **Sn^{+4}**. La variazione è un aumento di carica positiva, alias una diminuzione di carica negativa dovuta alla perdita di elettroni. L'atomo di stagno ha perduto 2 elettroni.

Se un atomo di manganese acquista 5 elettroni, 2 atomi di manganese prendono 10 elettroni.

Se un atomo di stagno perde 2 elettroni, 5 atomi di stagno perdono 10 elettroni.

Due atomi di manganese reagiscono quindi con 5 atomi di stagno.

Per bilanciare si aggiunge quindi un 2 davanti alla molecola di permanganato **MnO_4^-** e un 5 davanti allo stagno **Sn^{+2}**.

$2MnO_4^- + 5Sn^{+2} = Mn^{+2} + Sn^{+4}$

Dato che la materia non si crea e non scompare nel nulla anche dopo la reazione dovranno comparire 2 atomi di manganese e 5 atomi di stagno. Aggiungiamo un 2 davanti al manganese **Mn^{+2}** e un 5 davanti allo stagno **Sn^{+4}**

$$2MnO_4^- + 5Sn^{+2} = 2Mn^{+2} + 5Sn^{+4}$$

3) bilanciamento delle cariche

Il controllo successivo sulla reazione consiste nel tracciare il percorso compiuto dagli elettroni nello spostarsi dall'elemento del reagente che si è ossidato all'elemento del reagente che si è ridotto. Dobbiamo verificare che nessun elettrone sia sparito o spuntato dal nulla.

Utilizziamo il già noto esempio pratico: il bilancio familiare di una coppia di coniugi è composto dalla somma algebrica del saldo dei rispettivi conti correnti. Se il marito spendaccione ha un saldo negativo sul suo conto e la moglie risparmiatrice ha un saldo positivo sul proprio conto possiamo affermare che il saldo della famiglia nel suo complesso è la somma algebrica dei due saldi.

In una redox avviene una cosa analoga, la differenza consiste nel fatto che ci si esprime in termini di elettroni, di cariche negative.

La somma dei "saldi" elettronici delle molecole reagenti deve essere uguale alla somma dei "saldi" elettronici dei prodotti.

Passiamo alla pratica.

Le due molecole di permanganato apportano 2 cariche negative $2MnO_4^-$, i 5 ioni stagno $5Sn^{+2}$ apportano 10 cariche positive.

Il "saldo" delle cariche dei reagenti è dato dalla somma algebrica:

$$-2 \quad +10 = \quad +8$$

Passiamo al calcolo relativo ai prodotti.

I due ioni manganese $2Mn^{+2}$ apportano al bilancio delle cariche +4, i 5 ioni stagno $5Sn^{+4}$ apportano 20 cariche positive.

Il "saldo" di cariche dei prodotti è:

$$+4 \quad +20 = \quad +24$$

Mancano ai reagenti 16 cariche positive.

Entrano in scena altrettanti ioni idrogeno ambiente di reazione e il mistero si risolve.

$$2MnO_4^- + 5Sn^{+2} + 16H^+ = 2Mn^{+2} + 5Sn^{+4}$$

4) bilanciamento delle masse

La legge di Lavoisier ci fa notare che gli 8 atomi di ossigeno delle 2 molecole di permanganato $2MnO_4^-$ e i 16 atomi di idrogeno appena aggiunti sono fantasmi tra i prodotti.

La soluzione all'enigma è ormai un clichè: si è formata acqua, 8 molecole.

$$2MnO_4^- + 5Sn^{+2} + 16H^+ = 2Mn^{+2} + 5Sn^{+4} + 8H_2O$$

La reazione da bilanciare è:

$$S + NO_3^- = SO_4^{-2} + NO_2$$

Bilanciamento della reazione

Ambiente di reazione

Questa reazione avviene aggiungendo dell'acido nitrico, ricordiamo che gli atomi di idrogeno delle molecole di HNO_3 cedono l'elettrone che hanno in dotazione, si trasformano in ioni H^+ liberi di vagare nella soluzione. Incontreremo questi ioni tra qualche pagina.

1) calcolo del numero di ossidazione

Valutiamo il numero di ossidazione dei reagenti.

La molecola di zolfo S è neutra. Il numero di ossidazione dello zolfo è quindi zero.

La molecola di nitrato NO_3^- ha un "saldo" di carica -1, numero in alto a destra. Ha 3 atomi di ossigeno che tendono ad attrarre ciascuno 2 elettroni di legame (-2) totalizzando su se stessi una carica -6. Il numero di ossidazione dell'atomo di azoto è quindi l'incognita della somma algebrica:

$$(\text{n.o. azoto}) - 6 = -1$$

Si ricava che il numero di ossidazione dell'azoto nella molecola di nitrato NO_3^- è +5.

Passiamo a valutare il numero di ossidazione dei prodotti.

La molecola di solfato SO_4^{-2} ha un "saldo" di carica -2, numero in alto a destra. Ha 4 atomi di ossigeno che tendono ad attrarre ciascuno 2 elettroni di legame (-2) totalizzando su se stessi una carica -8. Il numero di ossidazione dell'atomo di zolfo è quindi l'incognita della somma algebrica:

$$(\text{n.o. zolfo}) - 8 = -2$$

Si ricava che il numero di ossidazione dell'atomo di zolfo nella molecola di solfato SO_4^{-2} è +6.

La molecola di biossido di azoto NO_2 è neutra. La molecola d ha un "saldo" di carica zero. Ha 2 atomi di ossigeno che tendono ad attrarre ciascuno 2 elettroni di legame (-2) totalizzando su se stessi una carica -4. Il numero di ossidazione dell'atomo di azoto è quindi l'incognita della somma algebrica:

$$(\text{n.o. azoto}) - 4 = 0$$

Si ricava che il numero di ossidazione dell'atomo di azoto nella molecola di biossido di azoto **NO_2** è +4.

2) confronto dei numeri di ossidazione

A questo punto osserviamo che l'atomo di zolfo S è passato da numero di ossidazione zero al numero di ossidazione +6 del solfato **SO_4^{-2}**. La variazione è un aumento di carica positiva, alias una diminuzione di carica negativa dovuta alla perdita di elettroni. L'atomo di zolfo ha perduto 6 elettroni.

L'atomo di azoto è passato da numero di ossidazione +5 del nitrato **NO_3^-** al numero di ossidazione +4 del biossido **NO_2**. La variazione è una diminuzione di carica positiva, alias un aumento di carica negativa dovuta all'acquisto di elettroni. L'atomo di azoto ha ricevuto un elettrone.

Se un atomo di azoto riceve un elettrone e un atomo di zolfo cede 6 elettroni, vuol dire che ci vogliono 6 atomi di azoto per soddisfare la generosità di un atomo di zolfo.

Un atomo di zolfo reagisce quindi con 6 atomi di azoto.

Aggiungiamo un 6 alla molecola di nitrato reagente **NO_3^-**

S + 6NO_3^- = SO_4^{-2} + NO_2

Dato che la materia non si crea e non scompare nel nulla anche dopo la reazione dovranno comparire 6 atomi di azoto tra i prodotti. Aggiungiamo pertanto un 6 davanti alla molecola del biossido NO_2

$$S + 6NO_3^- = SO_4^{-2} + 6NO_2$$

3) bilanciamento delle cariche

Il controllo successivo sulla reazione consiste nel tracciare il percorso compiuto dagli elettroni nello spostarsi dall'elemento del reagente che si è ossidato all'elemento del reagente che si è ridotto. Dobbiamo verificare che nessun elettrone sia sparito o spuntato dal nulla.

Utilizziamo il già noto esempio pratico: il bilancio familiare di una coppia di coniugi è composto dalla somma algebrica del saldo dei rispettivi conti correnti. Se il marito spendaccione ha un saldo negativo sul suo conto e la moglie risparmiatrice ha un saldo positivo sul proprio conto possiamo affermare che il saldo della famiglia nel suo complesso è la somma algebrica dei due saldi.

In una redox avviene una cosa analoga, la differenza consiste nel fatto che ci si esprime in termini di elettroni, di cariche negative.

La somma dei "saldi" elettronici delle molecole reagenti deve essere uguale alla somma dei "saldi" elettronici dei prodotti.

Passiamo alla pratica.

L'atomo di zolfo S è neutro, non ha cariche.

Le sei molecole di nitrato **6NO$_3^-$** apportano 6 cariche negative -6 al bilancio delle cariche.

Le cariche presenti tra i reagenti sono:

$$0 + -6 = -6$$

Passiamo al calcolo relativo ai prodotti.

L'anione solfato **SO$_4^{-2}$** apporta 2 cariche negative.

La molecola di biossido di azoto **NO$_2$** è neutra.

Le cariche presenti tra i reagenti sono:

$$-2 + 0 = -2$$

Mancano 4 cariche positive ai reagenti, ricordate gli idrogeno ioni **dell'ambiente di reazione.**

Sono la soluzione.

La reazione riveduta è:

$$S + 6NO_3^- + 4H^+ = SO_4^{-2} + 6NO_2$$

4) bilanciamento delle masse

La legge di Lavoisier ci fa notare che **6NO₃⁻** contengono 18 atomi di ossigeno. Tra i prodotti accade che **6NO₂** ne contengono 12 e **SO₄⁻²** altri 4, in totale 16. Mancano 2 atomi di ossigeno ai prodotti, per tacere dei 4 atomi di idrogeno appena aggiunti.

Scommettiamo che si è formata acqua?

La reazione finale e bilanciata infine è:

$$S + 6NO_3^- + 4H^+ = SO_4^{-2} + 6NO_2 + 2H_2O$$

La reazione da bilanciare è:

$$As_2S_3 + ClO_3^- = AsO_4^{-3} + S + Cl^-$$

Bilanciamento della reazione

Ambiente di reazione

La reazione avviene con la straordinaria partecipazione di un gruppo di molecole di acqua. L'acido clorico $HClO_3$ agirà da reagente e parziale sorgente di idrogeno ioni H^+.

La loro comparsa avverrà tra qualche pagina.

1) calcolo del numero di ossidazione

Valutiamo il numero di ossidazione dei reagenti.

La molecola del solfuro di arsenico è neutra, contiene 3 atomi di zolfo che nei solfuri tendono ad attrarre 2 elettroni di legame ciascuno.

Il numero di ossidazione dello zolfo nei solfuri è -2.

Tre atomi di zolfo quindi contribuiscono con un -6 al bilancio delle cariche intramolecolari. Il numero di ossidazione dell'atomo di arsenico è quindi l'incognita della somma algebrica:

$$(\text{n.o. arsenico}) - 6 = 0$$

La somma dei numeri di ossidazione dei 2 atomi di arsenico è +6. Si ricava che il numero di ossidazione dell'atomo di arsenico nella molecola di **As$_2$S$_3$** è +3.

Il numero di ossidazione per definizione si riferisce sempre al singolo atomo.

La molecola di clorato **ClO$_3$**$^-$ ha un "saldo" di carica -1, numero in alto a destra. Ha 3 atomi di ossigeno che tendono ad attrarre ciascuno 2 elettroni di legame (-2) totalizzando su se stessi una carica -6. Il numero di ossidazione dell'atomo di cloro è quindi l'incognita della somma algebrica:

$$(\text{n.o. cloro}) - 6 = -1$$

Si ricava che il numero di ossidazione dell'atomo di cloro nella molecola di clorato è +5.

Passiamo a valutare il numero di ossidazione dei prodotti.

La molecola di arseniato **AsO$_4$**$^{-3}$ ha un "saldo" di carica -3, numero in alto a destra. Ha 4 atomi di ossigeno che tendono ad attrarre ciascuno 2 elettroni di legame (-2) totalizzando su se stessi una carica -8. Il numero di ossidazione dell'atomo di arsenico è quindi l'incognita della somma algebrica:

$$(\text{n.o. arsenico}) - 8 = -3$$

Si ricava che il numero di ossidazione dell'atomo di arsenico nella molecola di arseniato AsO_4^{-3} è +5.

Lo zolfo è allo stato elementare e quindi ha numero di ossidazione zero.

2) confronto dei numeri di ossidazione

A questo punto osserviamo che l'atomo di arsenico è passato dal numero di ossidazione +3 del solfuro di arsenico As_2S_3 al numero di ossidazione +5 dell'arseniato AsO_4^{-3}. La variazione è un aumento di carica positiva, alias una diminuzione di carica negativa dovuta alla perdita di elettroni. L'atomo di arsenico ha perduto 2 elettroni.

Lo zolfo del solfuro di arsenico As_2S_3 è passato da -2 a zero dello zolfo elementare prodotto. La variazione è un aumento di carica positiva, alias una diminuzione di carica negativa dovuta alla perdita di elettroni. L'atomo di zolfo del solfuro di arsenico As_2S_3 ha perduto 2 elettroni.

Una molecola di solfuro di arsenico As_2S_3 ha perduto quindi 2 elettroni per ogni atomo di arsenico (2 elettroni x 2 atomi = 4 elettroni) e 2 elettroni per ogni atomo di zolfo (2 elettroni x 3 atomi = 6 elettroni).

Ogni molecola di solfuro di arsenico As_2S_3 ha ceduto 10 elettroni

Il cloro del clorato ClO_3^- è passato da +5 a -1 del cloruro prodotto Cl^-. La variazione è una diminuzione di carica positiva, alias un aumento di carica negativa dovuta all'acquisto di elettroni. L'atomo di cloro ha ricevuto 6 elettroni.

Se un atomo di cloro riceve 6 elettroni, 5 atomi di cloro ricevono 30 elettroni.

Se una molecola di solfuro di arsenico As_2S_3 cede 10 elettroni, 3 molecole di solfuro di arsenico As_2S_3 cedono 30 elettroni.

Quindi 3 molecole di solfuro di arsenico As_2S_3 reagiscono con 5 atomi di cloro passandosi 30 elettroni.

Aggiungiamo quindi un 3 davanti alla molecola di solfuro di arsenico As_2S_3 e un 5 davanti alla molecola di clorato ClO_3^-.

$3As_2S_3$ + $5ClO_3^-$ = AsO_4^{-3} + S + Cl^-

Dato che la materia non si crea e non scompare nel nulla anche dopo la reazione dovranno comparire tra i prodotti 6 atomi di arsenico, 9 atomi di zolfo e 5 atomi di cloro. Aggiungiamo pertanto 6 davanti alla molecola dell'arseniato AsO_4^{-3}, un 9 davanti al simbolo dello zolfo S e un 5 davanti al simbolo del cloruro Cl^-.

$$3As_2S_3 + 5ClO_3^- = 6AsO_4^{-3} + 9S + 5Cl^-$$

3) bilanciamento delle cariche

Il controllo successivo sulla reazione consiste nel tracciare il percorso compiuto dagli elettroni nello spostarsi dall'elemento del reagente che si è ossidato all'elemento del reagente che si è ridotto. Dobbiamo verificare che nessun elettrone sia sparito o spuntato dal nulla.

Utilizziamo il già noto esempio pratico: il bilancio familiare di una coppia di coniugi è composto dalla somma algebrica del saldo dei rispettivi conti correnti. Se il marito spendaccione ha un saldo negativo sul suo conto e la moglie risparmiatrice ha un saldo positivo sul proprio conto possiamo affermare che il saldo della famiglia nel suo complesso è la somma algebrica dei due saldi.

In una redox avviene una cosa analoga, la differenza consiste nel fatto che ci si esprime in termini di elettroni, di cariche negative.

La somma dei "saldi" elettronici delle molecole reagenti deve essere uguale alla somma dei "saldi" elettronici dei prodotti.

Passiamo alla pratica.

La molecola di solfuro di arsenico è neutra, non ha cariche elettriche.

I 5 anioni clorato apportano 5 cariche negative $5ClO_3^-$.

Le cariche presenti tra i reagenti sono:

$$0 \quad -5 = -5$$

Passiamo al calcolo relativo ai prodotti.

Le 6 molecole di arseniato $6AsO_4^{-3}$ apportano 18 cariche negative.

Gli atomi di zolfo sono neutri, non apportano cariche.

I 5 anioni cloruro $5Cl^-$ apportano 5 cariche negative.

Le cariche presenti tra i prodotti sono:

$$-18 \quad +0 \quad -5 = -23$$

Mancano 18 cariche positive tra i prodotti che sono immediatamente compensate dal contributo idrolitico delle molecole di acqua e in parte dagli idrogeno ioni dell'acido clorico $HClO_3$ preannunciati al punto(0).

La reazione riveduta è:

$$3As_2S_3 + 5ClO_3^- = 6AsO_4^{-3} + 9S + 5Cl^- + 18H^+$$

4) bilanciamento delle masse

La legge di Lavoisier ci fa notare che tra i reagenti mancano i 18 atomi di idrogeno appena aggiunti e 9 atomi di ossigeno. Le 5 molecole di clorato **$5ClO_3^-$** hanno 15 atomi di ossigeno contro i 24 atomi di ossigeno delle 6 molecole di arseniato **$6AsO_4^{-3}$**.

L'acqua presentata nell'**ambiente di reazione** entra in scena con 9 molecole e conclude la reazione.

L'equazione finale e bilanciata infine è:

$$3As_2S_3 + 5ClO_3^- + 9H_2O = 6AsO_4^{-3} + 9S + 5Cl^- + 18H^+$$

Gentile lettore, se le pagine del libro sono state utili ad avvicinarti al mondo delle reazioni di ossido-riduzioni, se hanno consentito un approccio gradevole ad un argomento della chimica dai tratti non proprio amichevoli,
gradirei una tua recensione.
Sarò lieto di ricevere critiche e suggerimenti che sicuramente mi consentiranno di correggere e migliorare il lavoro svolto.

Giuseppe Femia

Redox

esempi di ossido-riduzioni

Copyright © 2019
Giuseppe Femia
Tutti i diritti riservati

www.ingramcontent.com/pod-product-compliance
Lightning Source LLC
Chambersburg PA
CBHW021821170526
45157CB00007B/2664